地球環境問題がよくわかる本

改訂版

浦野 紘平・浦野 真弥［共著］

Ohmsha

改訂版発行にあたって

この改訂版の大元になった本は、１９９２（平成四）年に浦野紘平が書いた「みんなの地球－環境問題がよくわかる本－」であり、その「新版」、「改訂版」、「改訂増補版」を経て、長男の浦野真弥と共著での「日本の環境・人・暮らしがよくわかる本」、「身近な環境・生活のホントがよくわかる本」、さらに２０１７年に「地球環境問題がよくわかる本」を書きました。

地球環境問題は、増々重要になり、人類の存亡に係わるようになってきました。

そこで、今回は、データを最新の数値に変えるとともに、巻末の環境関連団体リスト、それらのウェブサイトのＵＲＬ、および環境関連主要図書リストを更新しました。

読者の皆様が、この「地球環境問題がよくわかる本　改訂版」を日常生活の中で活用していただけることを心より願っております。

２０２３年１月

浦野紘平・浦野真弥

第1版はしがき

環境の問題が、新聞やテレビなどでいろいろ取り上げられています。環境の問題を話すと、環境が大変だと騒ぐだけの人、自分たちの将来を悲観する人、ある会社が悪いとか、誰かが悪いとかいう人、どうしようもないとあきらめる人、私には関係ないという無関心な人など、いろいろな人がいます。でも、それでよいのでしょうか。

この本は、環境問題についてもっとわかりやすく、正しいことを知りたい、自分たちでできることはないか、と考えている人たちのために書かれたものです。

とくに、十代のみなさんが、先生やお母さん、お父さんたちといっしょに、環境のことを科学的に学び、自然と人間との関係を正しく理解し、自分たちが生活しているということがどういうことなのかを知り、今までと少し違った、環境にやさしい日本と世界をつくるために協力してほしいと思って書きました。

この本では、今の地球環境や身近な環境はどうなっているのか、このままだとどうなると予想されているのか、その原因と私たちの暮しとの関係はどうなっているのかなどについて、科学的な知識や数値をもとにわかりやすく説明します。

また、環境を少しでも良くしようとして行われているいろいろな努力を紹介し、私たちが身近な生活でどうしたらよいのかを考え、環境にやさしい社会をつくる方法を提案します。

環境問題は、人間の愚かさと知恵との戦いです。言い換えると、自分勝手な生き方（エゴライフ）とほかの人やほかの生き物のことを考える生き方（エコライフ）との競争です。人間がほかの動物と違う良いものをもっているとしたら、それは、自分より恵まれない人、遠い国の人、ほかの生き物、地球、そして宇宙のことまで考えられる愛と英知だと思います。

人間社会には、理想どおりにいかないことがたくさんあります。でも、人間らしい愛と英知を失っては、人間ではなくなってしまいます。自分勝手な欲望を野放しにしない、環境にやさしい社会をつくるためには、みなさんの協力が必要です。

環境の問題はとても大きな問題ですから、限られたページでは言いつくせないこともたくさんあります。でも、この本を読んで、何かをつかみ、次のステップへ進んでくれることを心から願っています。

地球は、あなただけのものではありません。世界の人々、いろいろな動物や植物、そして虫や微生物など、生き物すべての「みんなの地球」なのです。

このような背景をふまえて、「みんなの地球」の現状と将来を少しでも理解していただくために、１９９２年に「みんなの地球—環境問題がよくわかる本」の初版を出版して以来、みなさんに応援していただいたおかげで、約10万人の方々に読んでいただき、韓国語版や中国語版も発行されました。

しかし、２００３年に第三版を発行してから14年がたち、一部の地域での環境改善も、環境を守るための対策も大きく進んだ一方で、新しい環境問題も生まれています。

そこで、今回は、データを最新の数値に変えるだけでなく、新しい環境問題とさまざまな環境対策を紹介し、その効果と課題を示しました。例えば、原子力発電所や放射性物質汚染の問題、アレルギーや化学物質過敏症の問題、食料・食品の問題、紛争や戦争の問題などを中心に、新しい環境問題についても追加し、充実しました。

さらに、循環型社会基本法とリサイクル関連法、特定化学物質の環境への排出量の把握等および管理の改善の促進に関する法律（略称：化学物質排出把握管理促進法、化管法、ＰＲＴＲ法）や情報公開法、会社の活動が環境に与える影響を管理する国際標準化機構（略称：ＩＳＯ）の規格、および国際的な化学物質管理のための戦略的アプローチ（略称：ＳＡＩＣＭ）などについても紹介し、その効果と課題を示しました。

また、巻末の関連団体のリストも更新し、ウェブサイトのＵＲＬも加え、関連図書も更新しました。

できるだけ環境と調和した社会をつくるために、みなさんが、この本をいろいろな場面で活用してくださることを心から期待しています。

２０１７年７月

浦野紘平・浦野真弥

地球環境問題がよくわかる本（改訂版）

もくじ

いま、地球や人類は
本当にどうなっているのか
身近なくらしと地球環境問題とは
どんな関係があるのか
どんな努力がされているのか
地球にやさしい社会
安全で安心できる
環境をつくるために
私たちは、どうしたらよいのか
世界の中の日本は
どうしなければならないのか
若いみなさん、
お父さん、お母さん、学生、
お年寄りの方々
みんなで科学的知識を学び
行動しましょう。

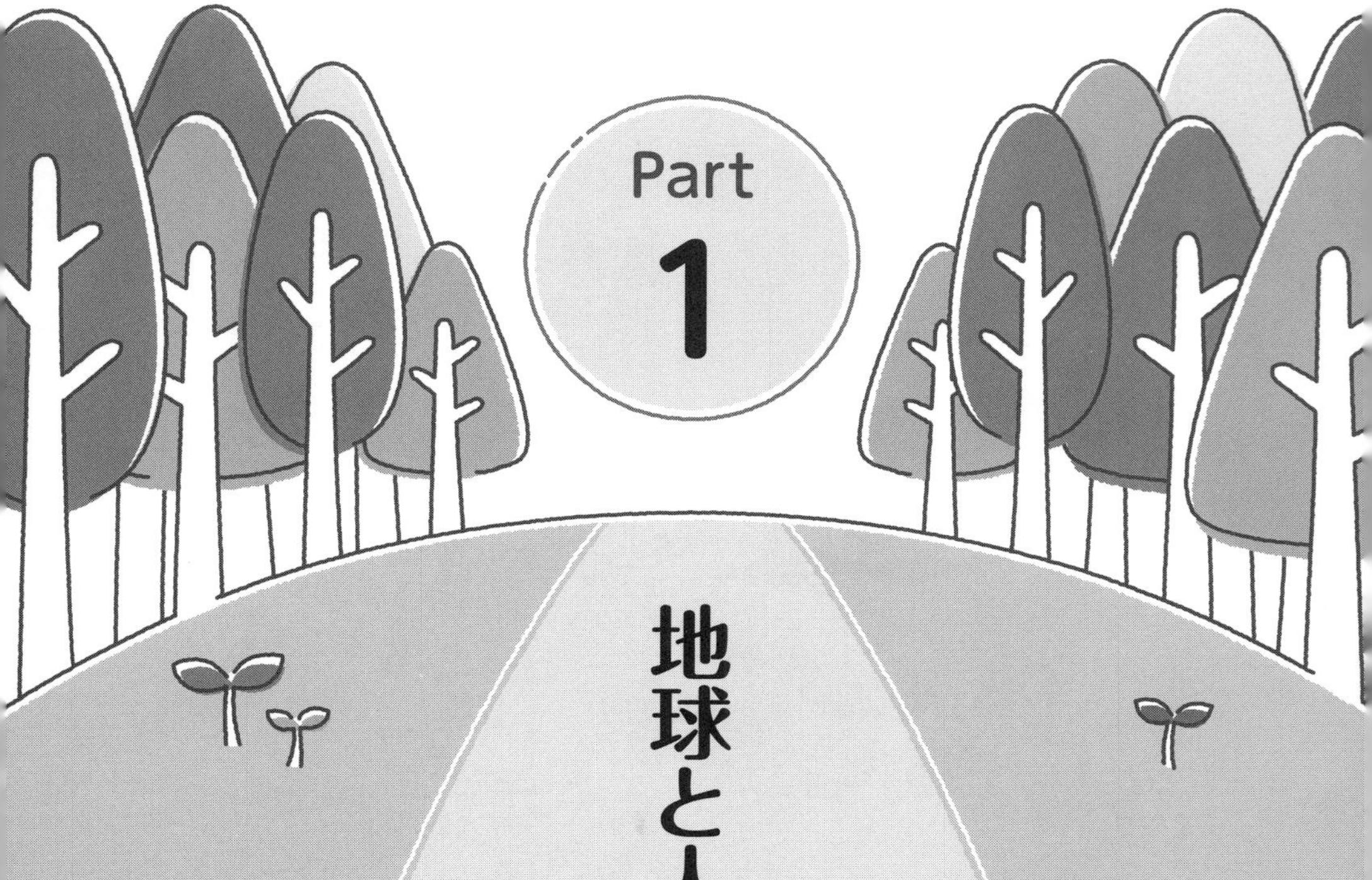

Part 1

地球と人間

地球が大変だとか、人間が地球を壊しているといわれています。しかし、地球は生まれてから大きく変わり、また、いつも変わり続けています。今、地球がどういう状態にあり、私たちはどのような位置にいるのかを考えてみましょう。

今の地球ができるまで

● 昔の地球

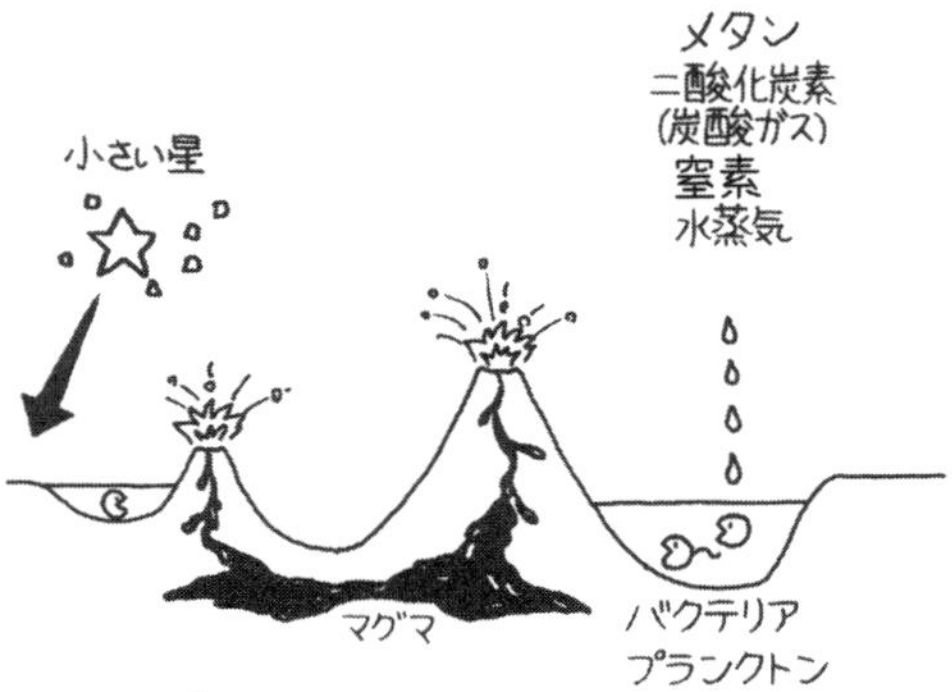

およそ46億年前に、宇宙のチリのようなものが集まって、地球とその仲間の太陽系の星たちができました。そのころの空気は、二酸化炭素（炭酸ガス）や窒《ちっ》素が多く、酸素はありませんでした。

できたばかりの地球は小さかったのですが、次々と宇宙のチリや小さな星がぶつかって集まり、大きくなっていきました。また、そのぶつかるときのエネルギーがたまり、どんどん温度が上がって、ついに地球はドロドロに溶けてしまいました。

それからしばらくして、ぶつかる星などの数が減ると、表面が冷えて固まり、カラ（地殻《ちかく》といいます）ができました。これが、地面です。でも、中から溶けたもの（マグマといいます）が吹き出す火山がいっぱいありました。この火山の煙の中の水蒸気は、冷えて水となり、その水がたまって海となりました。

いのちの誕生と人類の誕生

●生き物の歴史

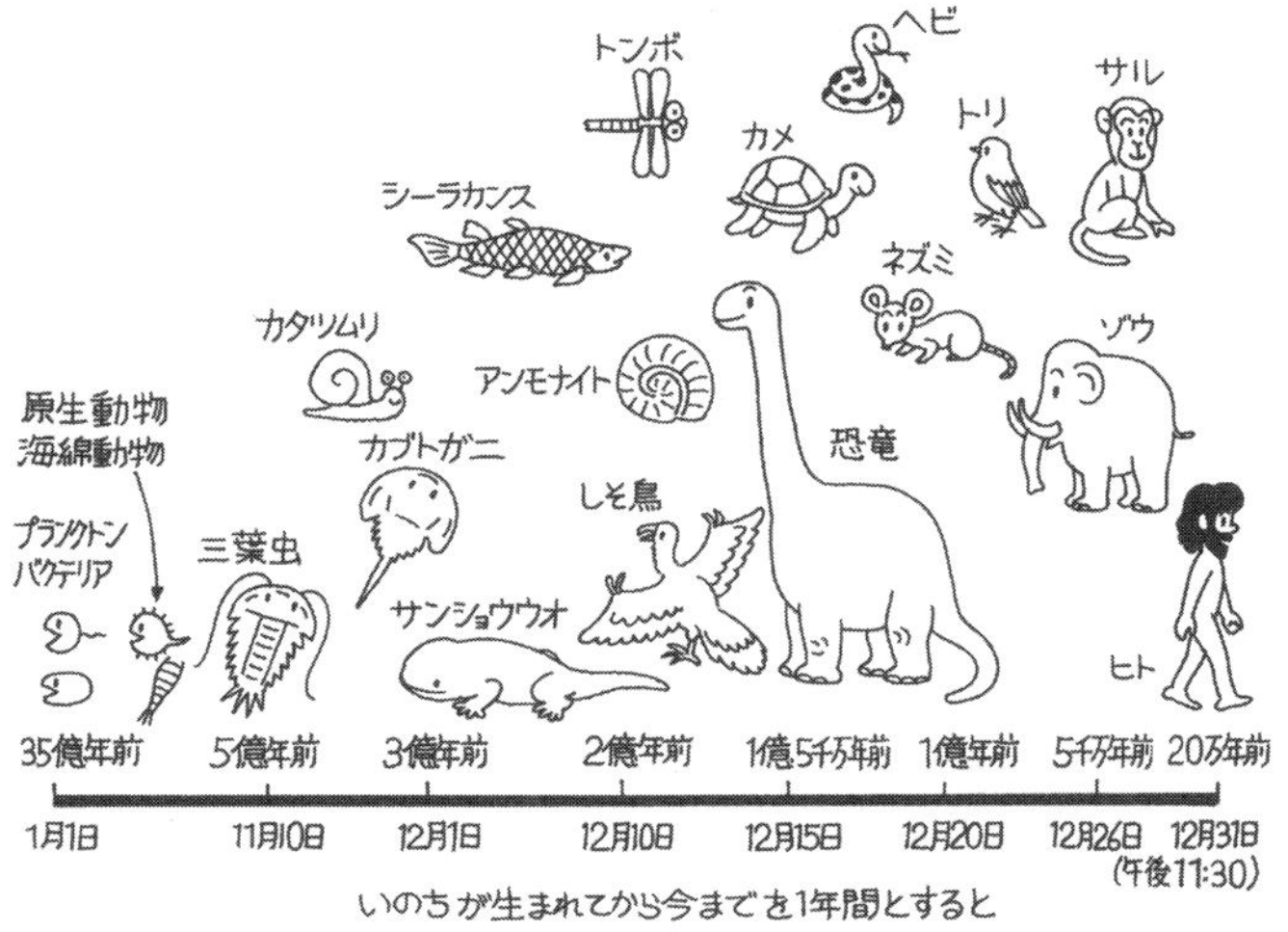

地球に初めて生き物が生まれたのは、今からおよそ35億年前です。初めに生まれた生き物は、細菌（バクテリア）や池などに生える藻《も》の仲間の植物性プランクトンなどです。

この植物性プランクトンは、地球をおおっていた二酸化炭素と太陽からの光を利用して繁殖《はんしょく》し、酸素を発生しました（このような植物の働きを炭酸同化作用といいます）。この酸素が、今の地球の空気をつくり、魚、鳥、ハ虫類、恐竜、そして人類などの酸素を利用する高等な生き物を育てたのです。

私たちの祖先（ホモサピエンス）が生まれたのは、今から20万年ほど前です。

これは、地球に生き物が生まれてから今までを1年にたとえると、12月31日の午後11時30分過ぎになります。人類は、生き物の中ではとても遅く生まれた、新米の生き物です。その人類が、今、地球の環境を急に変えています。

人口が爆発的に増えている

● 世界の人口の変化

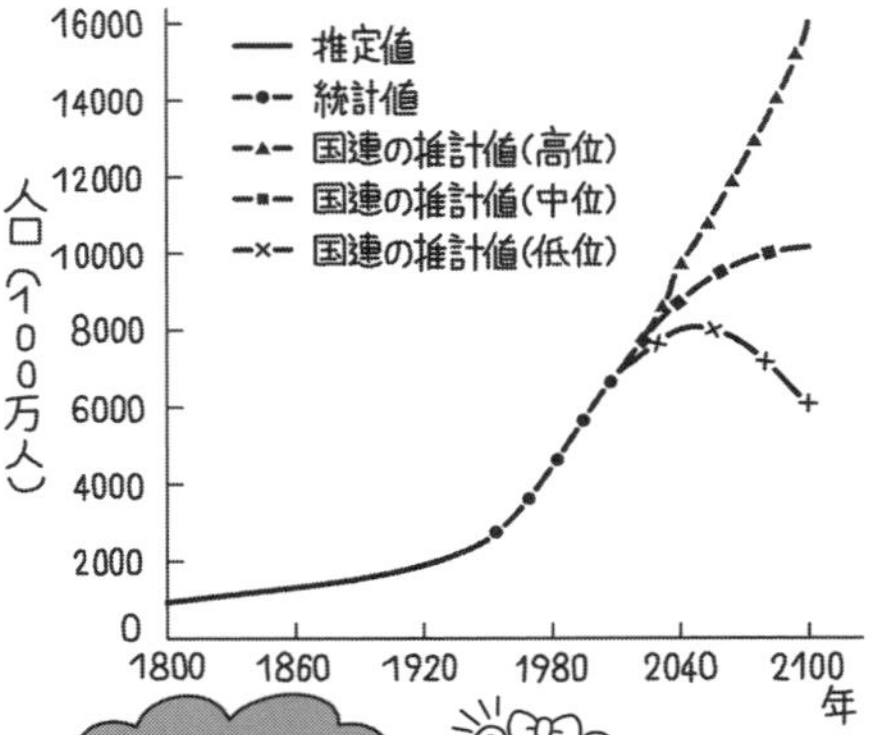

およそ20万年前に人類の祖先が生まれ、数千年前にエジプト、メソポタミヤ、中国などの文明が生まれました。３８０年ほど前にガリレオが地球は丸く、太陽の周りをまわっていることを見つけ、コロンブスやマゼランが世界をまわり、スペイン、オランダ、イギリスなどが植民地を広げました。

　そして、ほんの２００年ほど前に産業革命が起こり、いろいろな機械が発明され、工業が生まれました。

　ちょうどそのころから、人口が爆発的に増えはじめました。江戸幕府ができた１６００年ごろにはおよそ4億人だった世界の人口は、１９９０年にはおよそ52億人、２０５０年には、およそ１００億人になると予想されています。とくに、アジア、アフリカ、南アメリカなどの開発途上国で、人口が急に増えています。

　一方、アメリカ、ヨーロッパ、日本などの先進国では、人口は増えなくなっていますが、工業が発達し、資源やエネルギーなどの消費量がどんどん増えてきました。

　地球に生き物が生まれ、人類が生まれてからは、瞬間ともいえる短い時間に、人間は地球にとって大きな重荷となるほど増え、また資源やエネルギーを大量に使いはじめたのです。

20世紀に大爆発が始まった

● 世界の 1950 年と 2000 年の比較

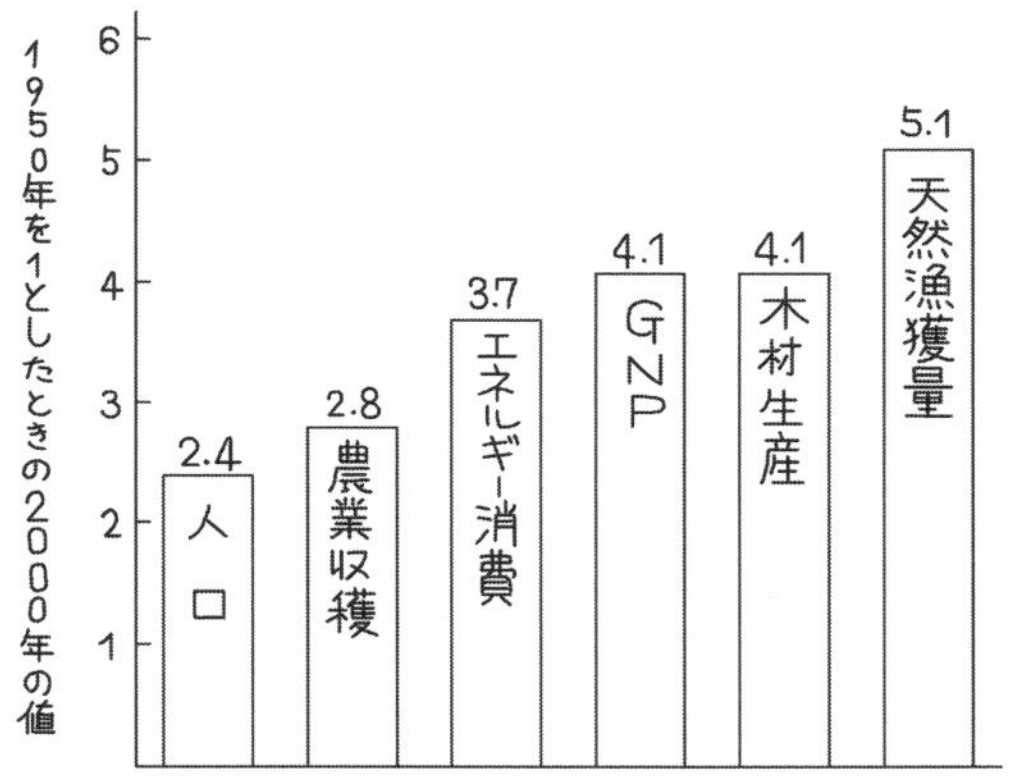

　１９００年から２０００年までに世界の人口は約３・６倍、一次エネルギー消費は約10倍、国民総生産（ＧＮＰ）は約17倍にもなりました。とくに、１９５０年からの50年間には、人口は約２・４倍になり、農業収穫量は約２・８倍、エネルギー消費量は約３・７倍、ＧＮＰは約４・１倍、木材の生産量は約４・１倍、天然魚の漁獲量は約５・１倍にふくれました。人間は、すごい勢いで地球を消費しはじめたのです。

　このような大量消費の中で、魚を含む動物、木材などの原料となる植物、および農産物・畜産物などの遺伝子の保護および、遺伝子資源の所有と利用の権利が国際的な問題になりました。

　このため、２０１７年に、遺伝子資源を利用する先進国と遺伝子資源を所有する開発途上国との間で交渉が行われ、相互の権利を認める条約がまとまりました。

　この条約に基づいて各国が、必要な立法・行政・政策上の措置をとり、それをモニタリングすることになりました。

地球サミットとアジェンダ21

● 環境と開発に関するリオ宣言の概要

前文	
第 1 原則	持続可能な発展の中心に人がある。
第 2 原則	それぞれの国の権利は尊重するが、 ほかの国の環境を壊さない責任がある。
第 3 原則	開発は将来の人のことも考えて行う。
第 4 ～ 9 原則	持続できる発展を実現する。
第 10 原則	すべての関係者を参加させ、情報を公開する。
第 11 ～ 14 原則	各国で具体的な努力をする。
第 15 原則	被害が出る前に予防に努力する。
第 16 原則	汚染した者が責任をもつ。 環境にかかる費用のツケをほかにまわさない。
第 17 ～ 19 原則	環境への影響を事前に評価する。
第 20 ～ 23 原則	女性、青年、先住民等の参加を考える。
第 24 ～ 26 原則	戦争が環境に与える影響を考え、平和を目指す。
第 27 原則	各国で協力する。

地球の将来が大変なので、1992年に、国際連合（略称：国連）が呼びかけて、ブラジルのリオデジャネイロで「環境と開発に関する国際連合会議（通称：地球サミット）」が開かれました。この会議には世界中の100以上の国や地域の首相や大統領などと、3万人もの人々が参加しました。

そして、世界の環境と開発についての基本的な原則をまとめたリオ宣言と、「地球環境保全のための行動計画（通称：アジェンダ21）」という世界の約束をまとめました。このアジェンダ21には、40もの章があり、地球環境の保全に関係するすべての方針が書いてあります。世界中がこのアジェンダ21の方針に従って行動する方法を考えています。

日本もこの方針に従って、国や都道府県等のアジェンダ21が決められ、様々な取り組みが行われています。

2012年には、リオデジャネイロで「リオ＋20」が開かれました。この会議で、森林原則声明、気象変動枠組条約（温暖化防止条約）、生物多様性条約などが提案され、「持続可能な開発委員会」が設置されました。

環境問題が人類の未来を決める

● 様々な環境問題とその関係

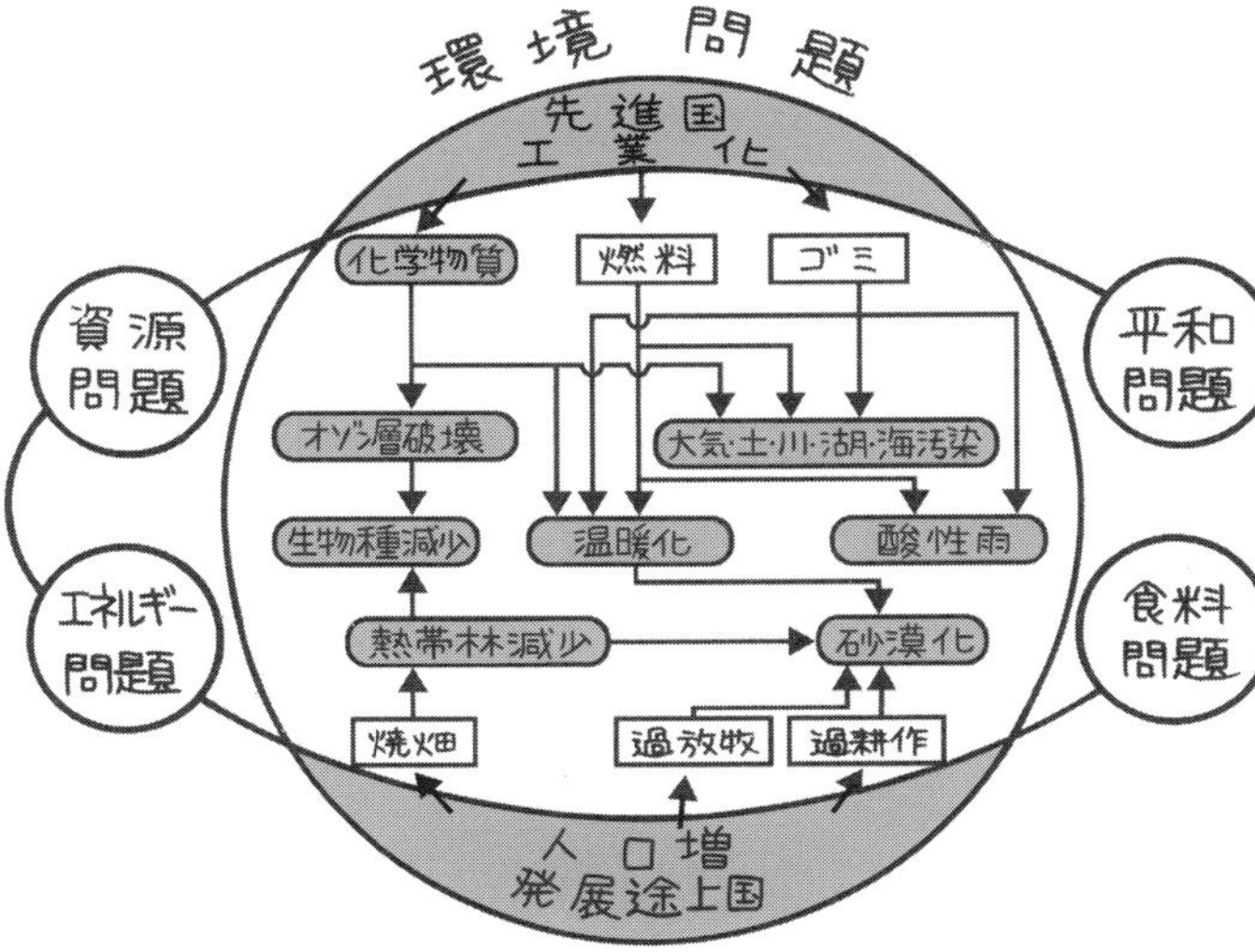

アジェンダ21などで基本方針が決められてから、いろいろな条約や国際的な機関での指示、提案が出されてきました。しかし、残念ながら、得をする国や地域と損をする国や地域とが対立して、なかなか改善が進まない問題もあります。

地球環境の問題は、開発途上国で人口が急に増えていること、および先進国で資源やエネルギーを大量に使っていることと深い関係があります。これらを急に変えるのは難しいことですが、大きく変える英知と勇気がなければ、今の子どもたち、その子や孫たち、人類の将来は本当に厳しいものになってしまいます。

環境をできるだけ守り、人やほかの生き物の子孫が持続的に暮せる新しい社会をつくることが、人類の将来に残されたただひとつの道なのです。

なお、環境の問題は、様々な問題と関係しています。例えば、1990～1991年の湾岸戦争で、海に大量の石油が流されたり、石油の井戸に火がつけられて有害ガスが大気中に流れ出たことからもわかるように、紛争や戦争を防ぐことは最も重要な環境問題といえます。

コラム

世界の中の日本の位置

●資源消費と日本の位置
（2021年度財務省貿易統計、GDPは2021年度内閣府国民経済計算より作成）

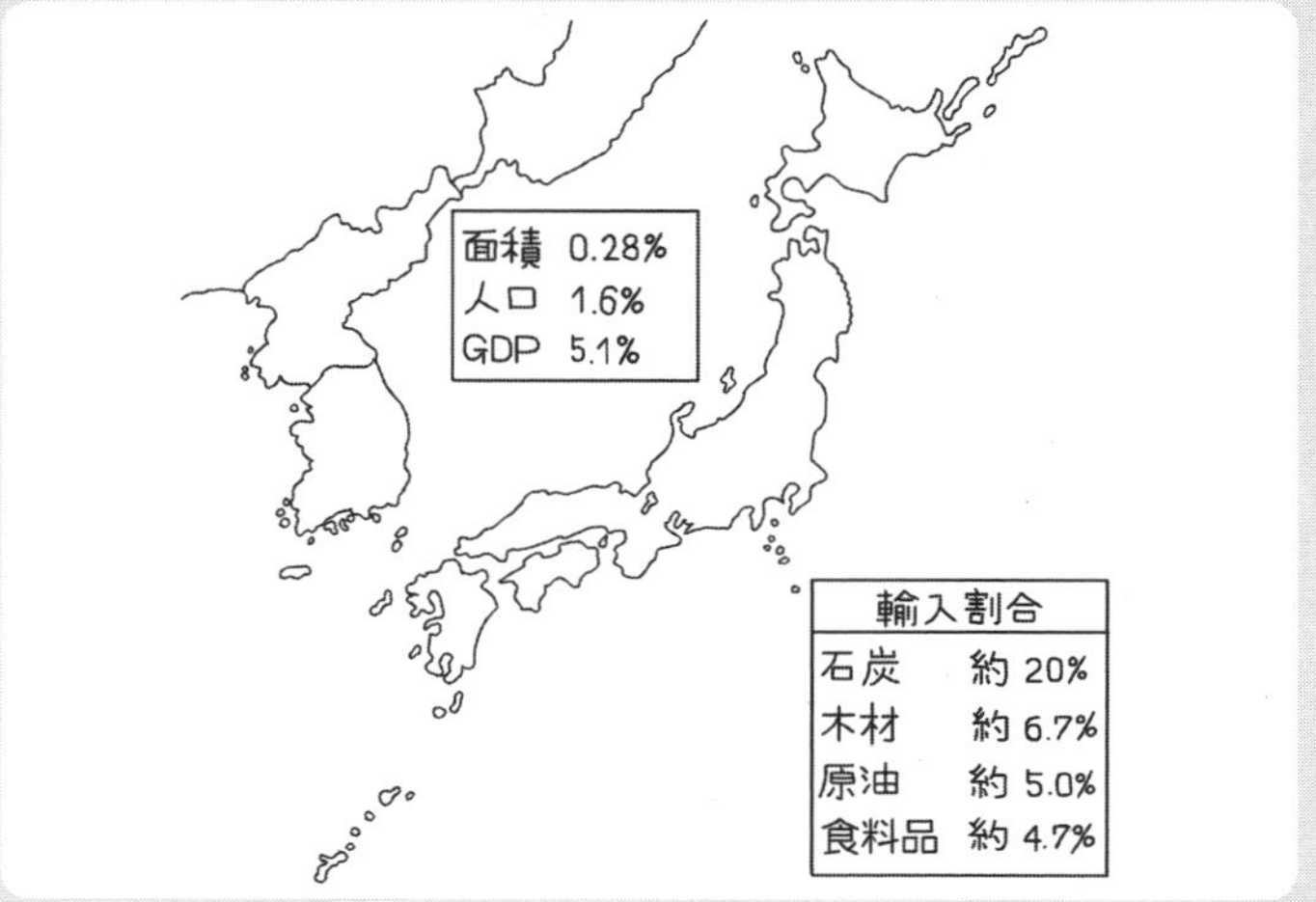

日本は、面積が地球の陸地面積の約０・２８％、人口が世界の約１・６％しかないのに、２０２１年の国内総生産（ＧＤＰ）は世界の約５・１％を占めています。

２０２０年の世界の輸出額のうち日本の輸入額割合は、石炭が約20％、木材が約６・７％、原油が約５・０％、食料品が約４・７％など、どれもかなり多くなっています。

なお、日本からの輸出は、自動車、半導体部品、自動車部品、鉄鋼などが多くなっています。

日本は面積が小さく、人口もそれほど多くないのに、大量の資源を輸入して消費しています。

すなわち、日本人は、地球環境問題に対する責任がとても大きいといえます。

Part

2

地球の気温が上がるのは止められるのか

2016年には、世界の平均気温が測られるようになってから最も高い気温となりました。
また、最近あちこちで天候が異常となって、
地球が暖まってきたことによる影響が
心配されています。
エネルギーを上手に使いましょう。

なぜ地球が暖まるのか

● 地球が暖まるわけ

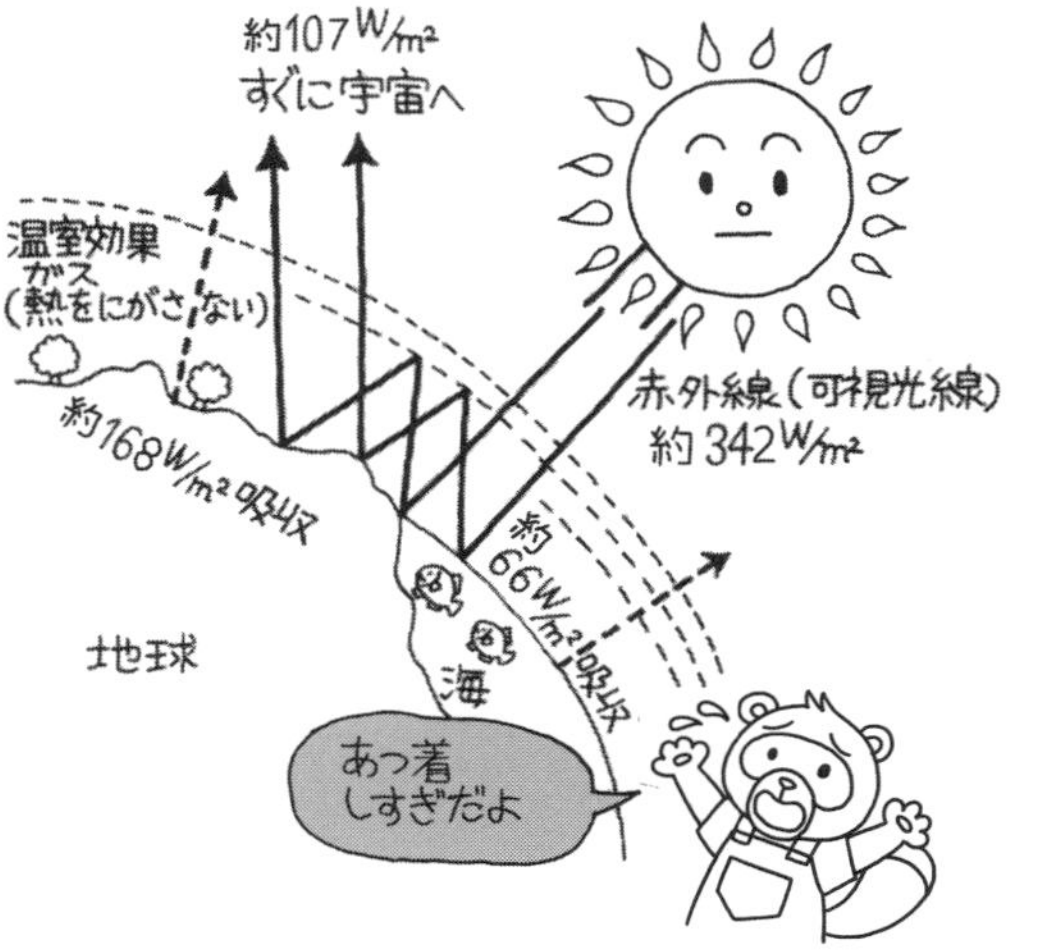

日があたっているところが暖かくなるのは、太陽からくる光の中の赤外線と可視光線の一部のエネルギーによります。太陽から地球1平方メートルに平均３４２ワットものエネルギーが届けられています。

この地球にきた赤外線などは、夜間にはおよそ3分の1が宇宙に逃げていくので夜には気温が下がります。でも、地球をとりまく大気中の二酸化炭素などが、赤外線などを吸収して逃げにくくしています。

もし、大気がなければ、地球の平均気温はマイナス18度になるといわれています。地球は、大気という服を着ているのです。

ところが、この大気の中の二酸化炭素などが増えすぎると、厚着しすぎているようになり、地球全体の気温が高くなってしまいます。このようなことを地球温暖化といいます。

急に地球が温暖化すると大変なことになります。

なにが地球を暖めるのか

● 温室効果ガスの種類別割合
（IPCC 第5次評価報告書より作成）

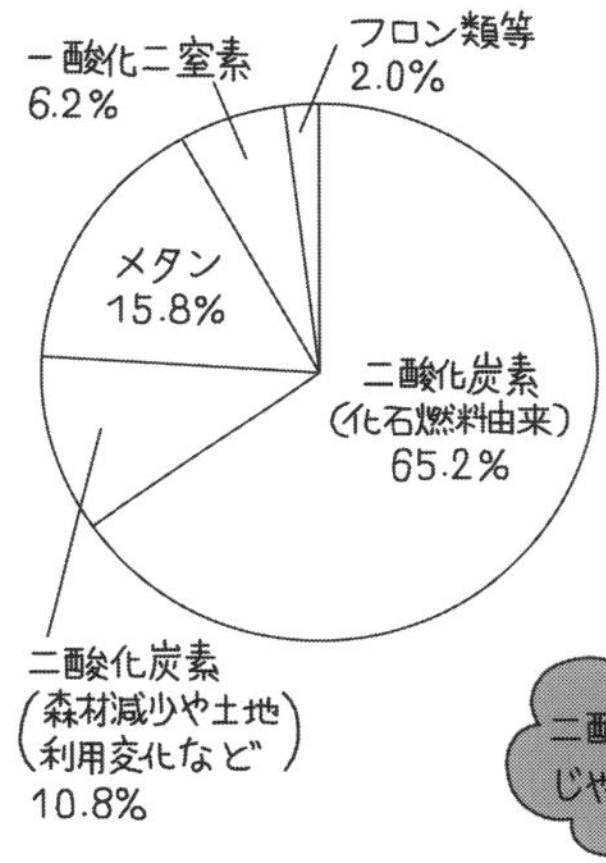

● 温室効果ガスの濃度の変化
（2008年気象庁資料より作成）

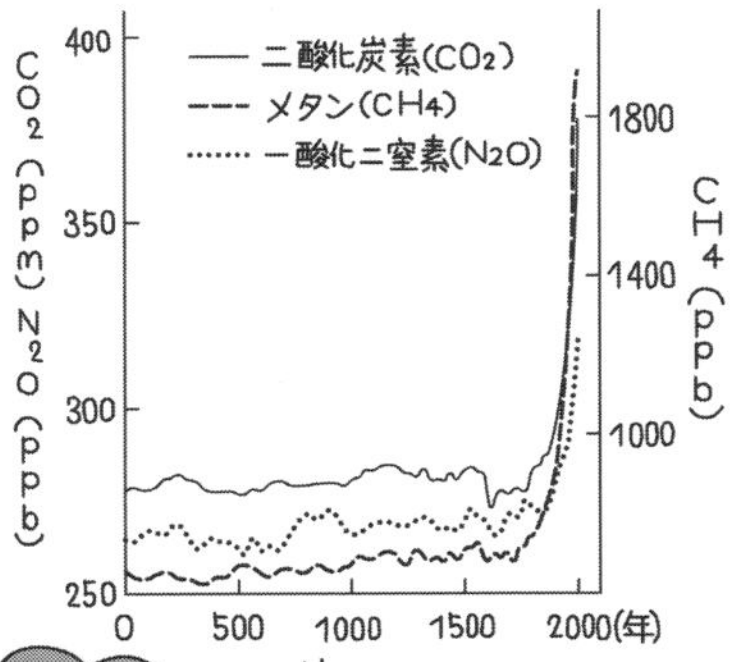

二酸化炭素は、森林火災のほかに、薪《まき》、石炭、石油、ガソリンなどを燃やすときに出るガスです。人口が増え、工業が発展し、車が増えると多く出るので、１９００年代から急増しています。

また、二酸化炭素のほかにもメタンや一酸化二窒素（亜酸化窒素）やフロン類などのガス（温室効果ガスといいます）も赤外線を吸収して地球を暖める働きがあります。

メタンは二酸化炭素の28倍、一酸化二窒素は２６５倍、フロン類は１２４倍〜１５０００倍も赤外線を吸収する力が強いので、大気中に少ししかなくても地球を暖める働きが大きいのです。

メタンは、沼や森などから自然に出るほかに、お米をつくる水田、家畜のフンやゲップ、ゴミ埋立地などからも出ることがわかっています。

一酸化二窒素は、土や水底などから自然に出ますが、工場や車の排ガス、排水などからも出されています。

コラム

光の種類

光は、波のような性質をもって太陽からやってきています。その波の山と山の距離を波長といい、この波長が1万分の4～8ミリメートルの光だけが人間の目で感じられる光です（可視光線といいます）。

このほかに、可視光線より波長が長い赤外線と、波長が短い紫外線があります。赤外線は電気コタツのランプからたくさん出ている光で、熱になるので熱線とも呼ばれています。また、紫外線は強い殺菌力などがあり、波長の長い順にA波、B波、C波に分けられています。

●光の波長と呼び名

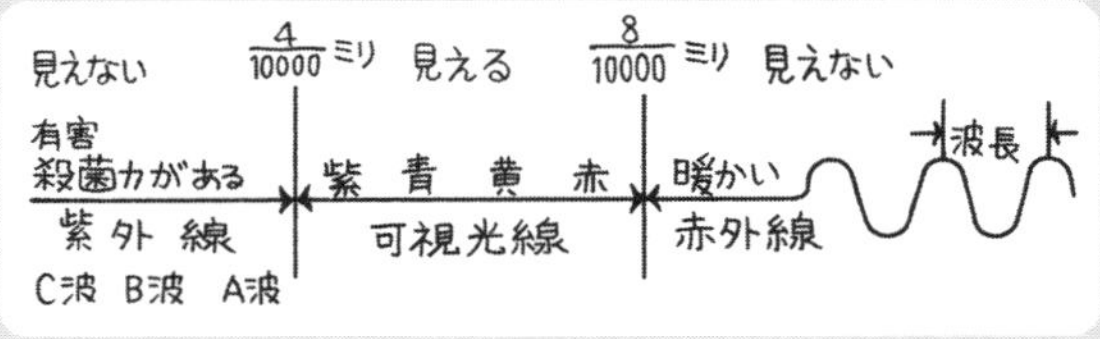

コラム

炭素の地球上でのサイクル

二酸化炭素は、工場や火力発電所から出されたり、動物や植物が死んでから微生物によって分解されたとき、山火事で木が燃えたときなどに大気中に出されます。大気中の二酸化炭素は、微生物や植物に利用され、それらの体をつくります。この微生物や植物は動物のエサとなり、動物の体をつくります。動物や植物は死んだり燃えたりして二酸化炭素になります。こうして、二酸化炭素は、生き物などを通して地球を大きくまわっています。

●炭素は地球をまわっている

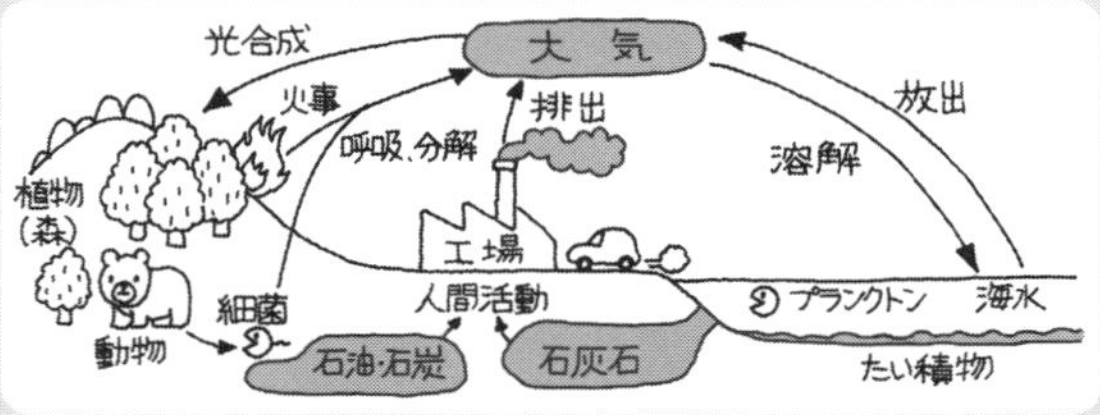

コラム

有害物の濃度の単位

●１円は100万円の1ppm　　●1㎎/ℓは1ppm

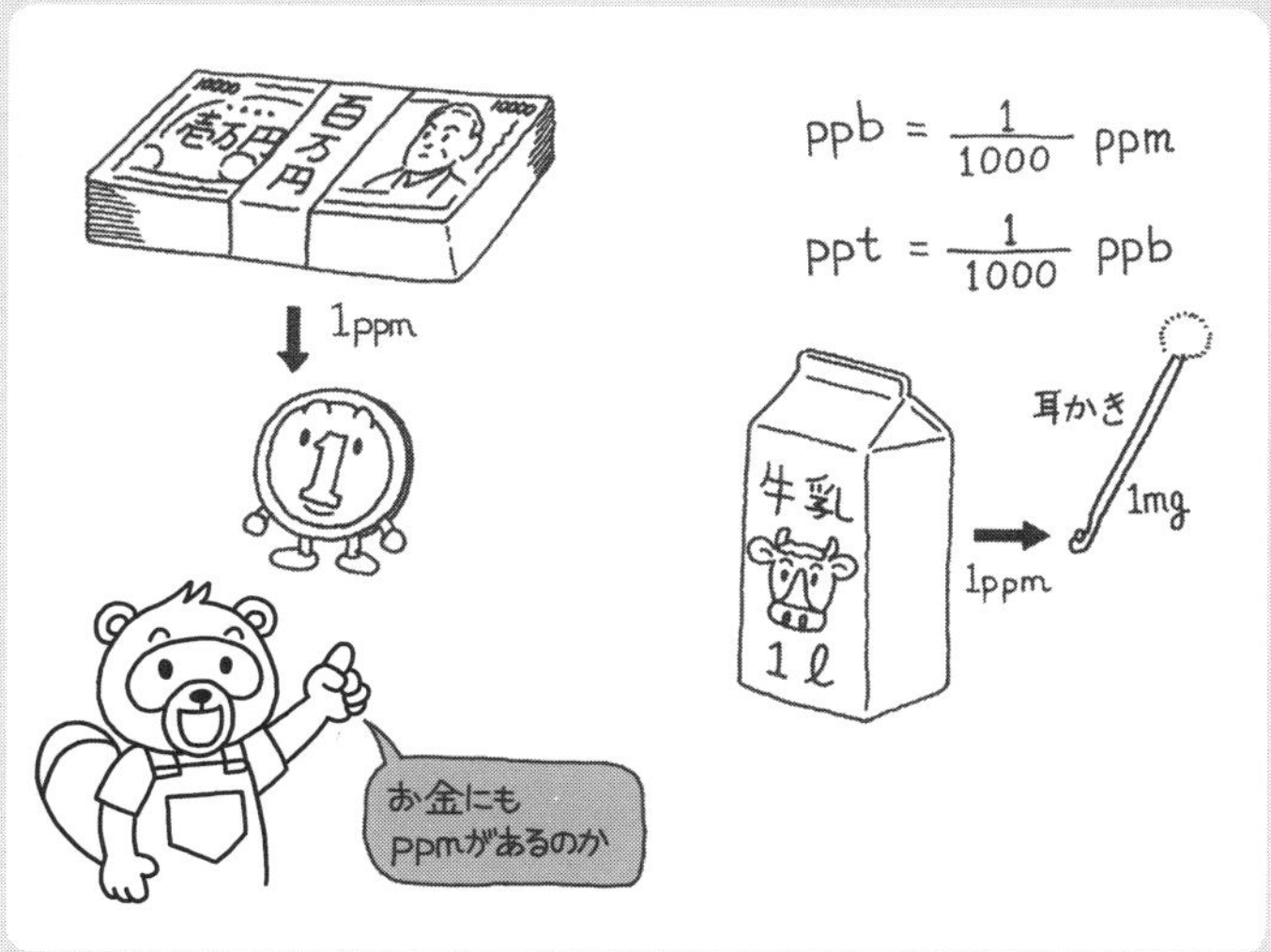

環境中の有害なものの濃度は、ｐｐｍとか、ｐｐｂとかｐｐｔという数値で表されています。これは、％と同じように、割合を示すものですから、体積の割合にも、重さの割合にも、値段の割合にも使えます。

％は１００分の１、ｐｐｍは１００万分の１、ｐｐｂは10億分の１、ｐｐｔは１兆分の１のことです。例えば、１００万円の１％は１万円、１００万円の１ｐｐｍは１円です。

空気中の有害なものの濃度は、ふつう、体積の割合で表されています。

例えば、１立方メートルの空気の中に１ミリリットル（１cc）入っていると１ｐｐｍです。

一方、水や土やゴミの中の有害なものの濃度は、ふつう、重さの割合で表されています。

例えば、１キログラムの中に１ミリグラム入っていると１ｐｐｍです。水や牛乳は、１リットルが約１キログラムなので、１リットルの水の中に１ミリグラム入っていると１ｐｐｍになります。

地球が暖まるとどうなるのか

● 地球が暖まるとどうなる

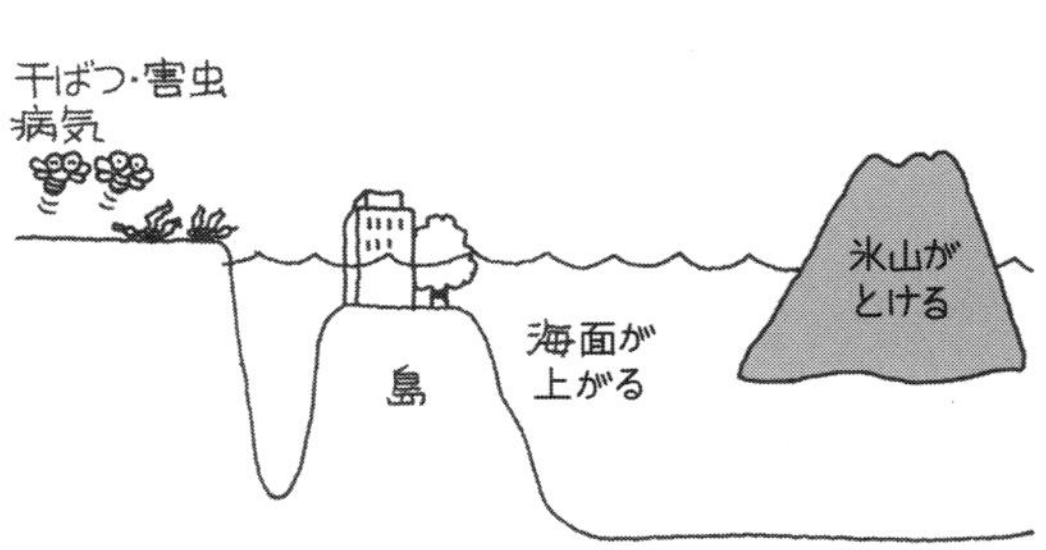

赤外線を吸収するガスが増え続けると、２０５０年には、地球の平均気温が１９８６年～２００５年よりも０・５～２・４度、２１００年には０・３～４・８度くらい高くなると予想されています。気温が高くなると、南極や北極の氷が溶けたり、海水の温度も高くなって、２１００年には、１９８６年～２００５年に比べて海面が最大８２センチメートル上がると予想されています。

　海面が上がると、エジプトのナイル川やバングラディシュのガンジス川の河口地域、モルジブのようなサンゴしょうからできている国などでは陸が沈み、大きな被害を受けることになります。

　また、海面より低いところが多いオランダや東京の下町でも大変になります。

　また、地球が暖まると天候が変わり、集中豪雨や、雨がほとんど降らない干ばつが増えます。

　とくに、現在食料をたくさんつくっている地域の雨が少なくなると共に、干ばつも増えます。このため、小麦、大豆、トウモロコシなどの干ばつに弱い作物の収穫量が減ると予想されています。

　また、いろいろな生き物が絶滅の危機にさらされます。

　そのうえ、熱帯や亜熱帯の病気や害虫、雑草などが日本のような温帯地域にも増えてきます。

どの国がどれだけ二酸化炭素を出しているのか

● 2019年の国別の二酸化炭素排出割合

（日本エネルギー経済研究所『EDMC/エネルギー・経済統計要覧2022版』（発行：省エネルギーセンター）より作成）

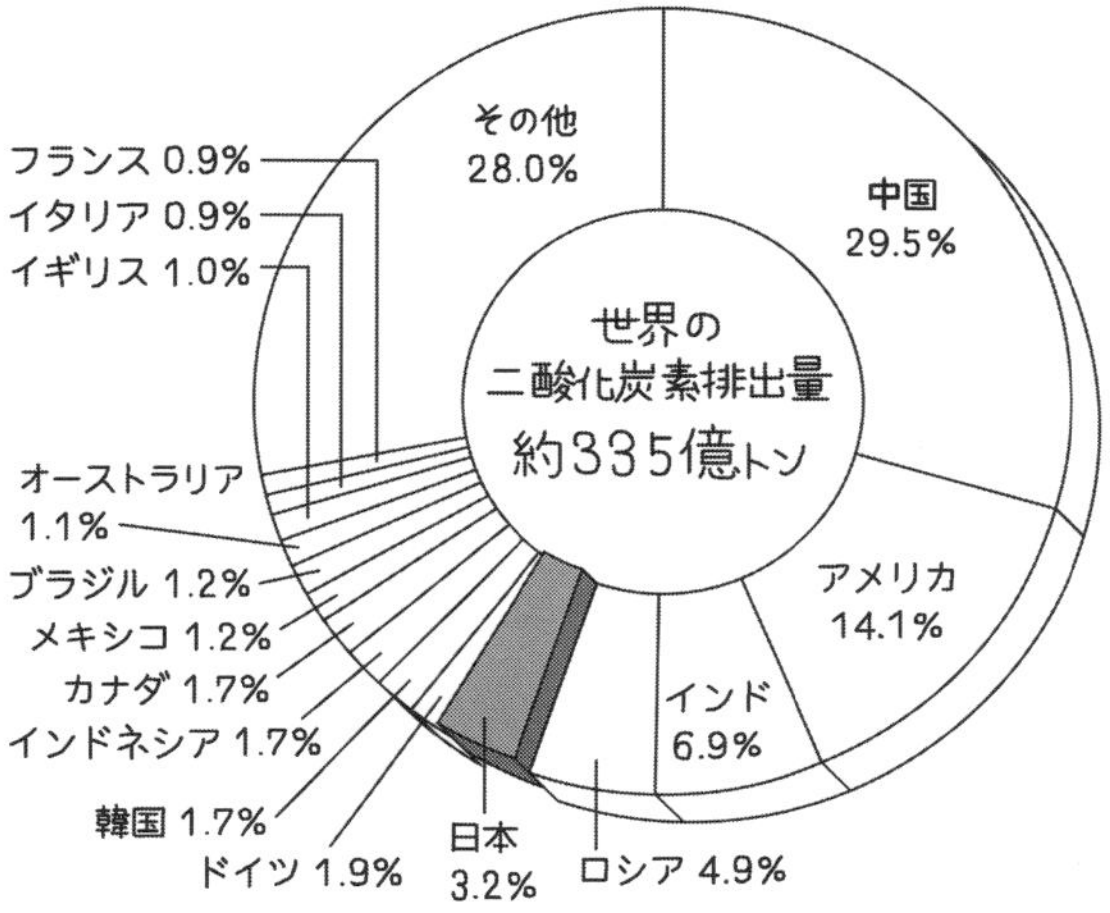

地球を暖める主な犯人の二酸化炭素を出している量の国別割合は、エネルギー・経済統計要覧２０２２年版によると、２０１９年では、中国が29・5％、アメリカが14・1％、インドが6・9％でワースト3ヶ国です。この3つの国で世界のおよそ半分の二酸化炭素を出しています。

とくにアメリカは、1人あたりの二酸化炭素の排出量がずばぬけて多くなっています。これは、車や冷暖房などに大量のエネルギーを使っていること、工業でもエネルギーをムダにしない技術（省エネ技術といいます）があまり利用されていないことなどによります。

日本の二酸化炭素排出量は、ロシアの4・9％の次で、世界第5位の3・2％となっています。これは、工業国の中では少ないほうですが、1人あたりの二酸化炭素排出量は世界平均の2倍以上になっています。

私たちはエネルギー消費を抑えられるのか

２０２１年の世界のエネルギー消費は、石油の量に換算すると1年間に約１４３億トン分です。

そのうち、約62・８％が二酸化炭素を発生する石油、石炭、天然ガスなどの化石燃料といわれるものです。水力が15・６％、原子力が10・４％、太陽光や風力が５・１％となっています。

資源エネルギー庁のデータによると、日本のエネルギーは１９８０年ごろから、石炭や石油、液化天然ガス（ＬＮＧ）による火力発電と原子力に頼ってきましたが、２０１１年の東京電力福島第一原子力発電所の事故以来、原子力発電に対する不安が強くなり、２０１９年の発電量割合は、天然ガスが37・１％、石炭が31・８％、水力が７・８％、石油が６・８％、原子力が６・２％です。福島原子力発電所の事故で、原子力発電所の審査が厳密になり、２０２２年10月時点では、５ケ所の６機だけが稼働しています。

また、原子力に頼ると、放射能のある廃棄物を処理するのが大変です。

さらに、ソ連のチェルノブイリや福島のような原子力発電所の事故が起こると、とても広い範囲が放射能で汚染されることになります。

地球の温暖化を食い止めるためには、エネルギーをムダなく上手に使うこと（省エネといいます）、風、波、地下の熱、太陽光や太陽熱などの自然のエネルギーを上手に使うこと、二酸化炭素を吸収する森を育て、守ることなどが大切です。

今までは、経済発展のためにはエネルギー消費量が増えることは当たり前と考えられてきましたが、２００７年以降は、省エネ対策によって日本の国民総生産（ＧＮＰ）は増加してもエネルギー消費量は減っています。

ただし、家庭やコンビニ店などのエネルギー消費はなかなか減っていません。

今後は、これらを減らすことが重要です。

エネルギーを上手に使う工夫はどこまで進んだか

● エネルギーを上手に使う方法

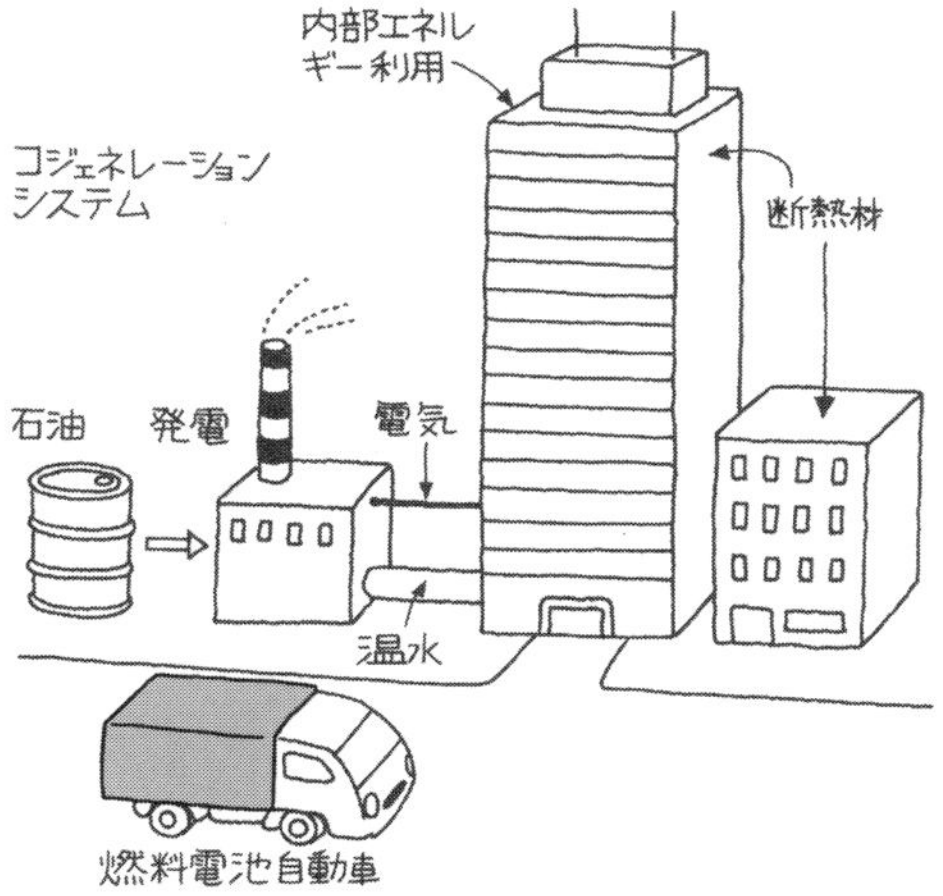

温暖化を食い止めるためには、エネルギーを使いすぎないことが第一ですが、エネルギーを上手に使うことも重要です。

エネルギーを上手に使うための効果的な方法のひとつは、熱の逃げる量を少なくすることです。

例えば、熱を逃がしにくい材料（断熱材といいます）をビルや家の壁、野菜のビニールハウスや工場の加熱装置などに使う取り組みが進んでいます。

また、少ない電気エネルギーで空気中の熱エネルギーを集めて使うヒートポンプといわれる方法が、エアコンや冷蔵庫、温水機などに多く使われるようになりました。

さらに、発電のときに逃げる熱を少なくするために、化学のエネルギーを電気のエネルギーに直接変える燃料電池というもので発電する方法など、いろいろな方法が考えられています。

もうひとつの方法は、逃げる熱をつかまえて利用する装置などを使うことです。例えば、ビルなどで発電して、そのときに出る熱を使って冷房や暖房を行う方法（コジェネレーションといいます）などが使われてきています。このほかにも、ビルの冷房から出る熱でいろいろなものを暖める方法、工場から出る熱を上手に使う方法などが使われてきています。

新しいエネルギーを使う計画

● あまり使われていなかったエネルギーを使う工夫

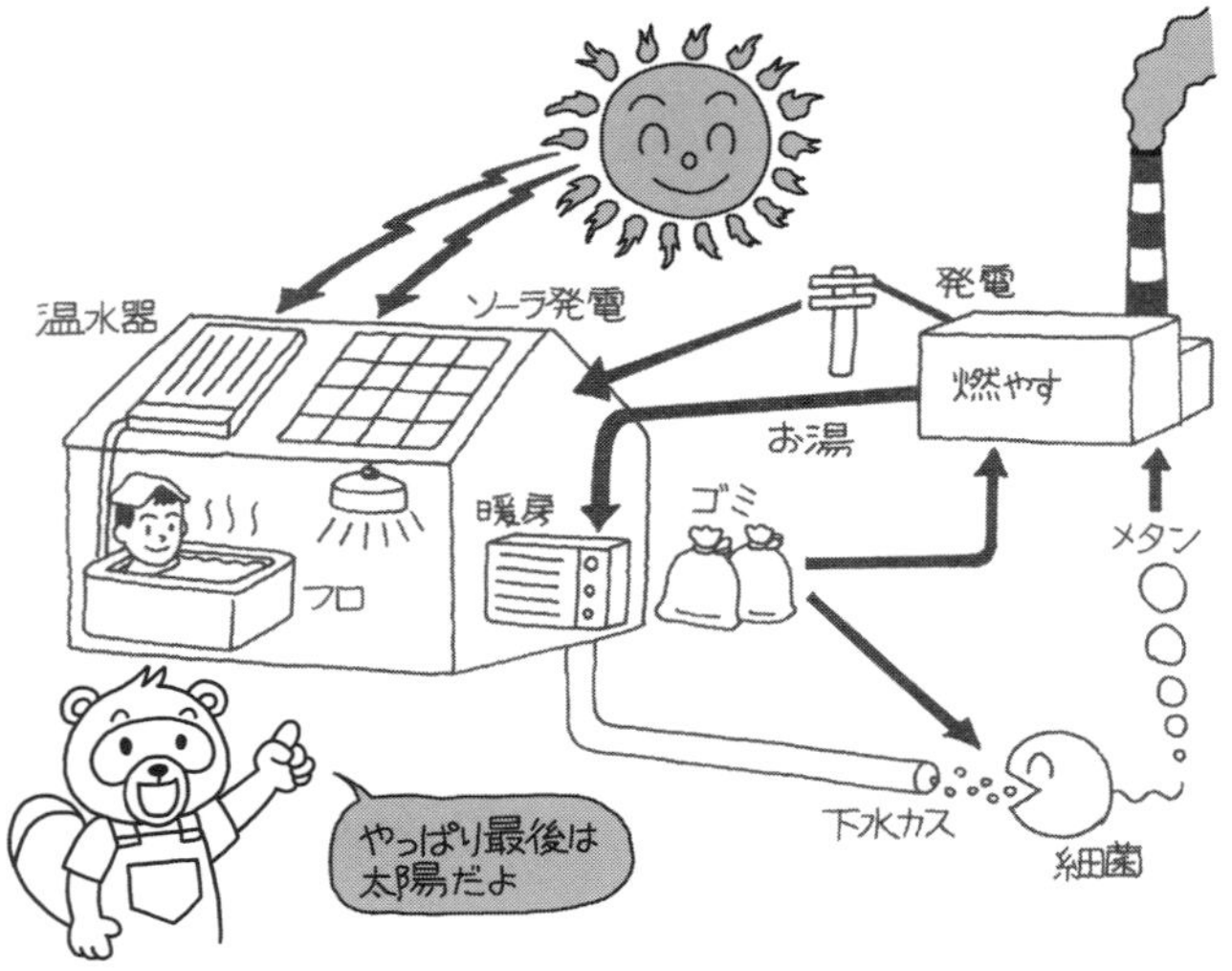

今まであまり使われていなかったエネルギーをうまく使う方法も地球温暖化を食い止めるために効果があります。

例えば、風、海の波、地下の熱、太陽の光などの自然エネルギー（再生可能エネルギーといいます）によって発電する方法などが注目されています。

また、ゴミを燃やしたときの熱などで発電する方法、農業や林業から出る廃棄物や下水カスを細菌で分解してメタンガスに変え、このメタンを燃やして発電する方法の普及も進められてきています。

下水や川の水がもっている熱のエネルギーやゴミを燃やすときのエネルギーを冷房や暖房に使う方法もあります。

太陽光で電気をつくる太陽光発電や太陽熱でお湯をつくる太陽熱温水器の普及も進められています。

石炭や石油、天然ガスなどのエネルギー源の大部分を輸入に頼っている日本では、これらの再生可能エネルギーの利用を増やすことがとても重要です。

● **再生可能エネルギーの利用割合の計画**
（2021年7月経済産業省素案）

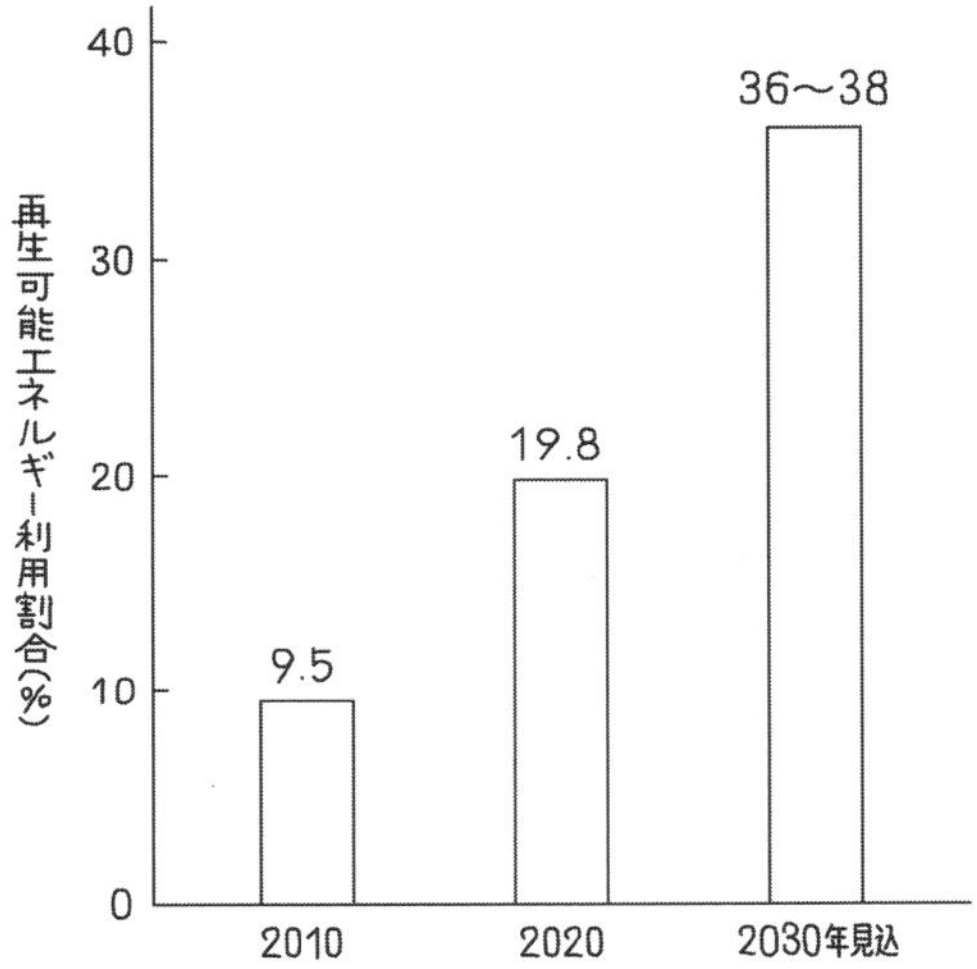

２０１０年度には、水力を含む再生可能エネルギーからつくった電気の日本での利用割合は９・５％しかありませんでしたが、２０２０年度に19・８％、２０３０年度には36～38％にする方針です。

このため、国や都道府県などが再生可能エネルギーの利用を増やすための計画をつくり、補助金などのいろいろな支援をしています。

石油や石炭、液化天然ガスなどの輸入燃料に頼らず、日本の広い領海や火山が多い国土を活かした自然エネルギーを上手に活用することが、エネルギーの安定供給につながります。

これからは、世界的に、いろいろなエネルギーを上手に使う工夫がもっともっと進むことが期待されます。

なお、ブラジルなどでは、太陽の光を効率良く利用して育つトウモロコシやサツマイモのデンプンからアルコールをつくり、車の燃料にする方法も使われています。

オゾン層が壊され続けていることも忘れずに

●オゾン層の壊れるわけ

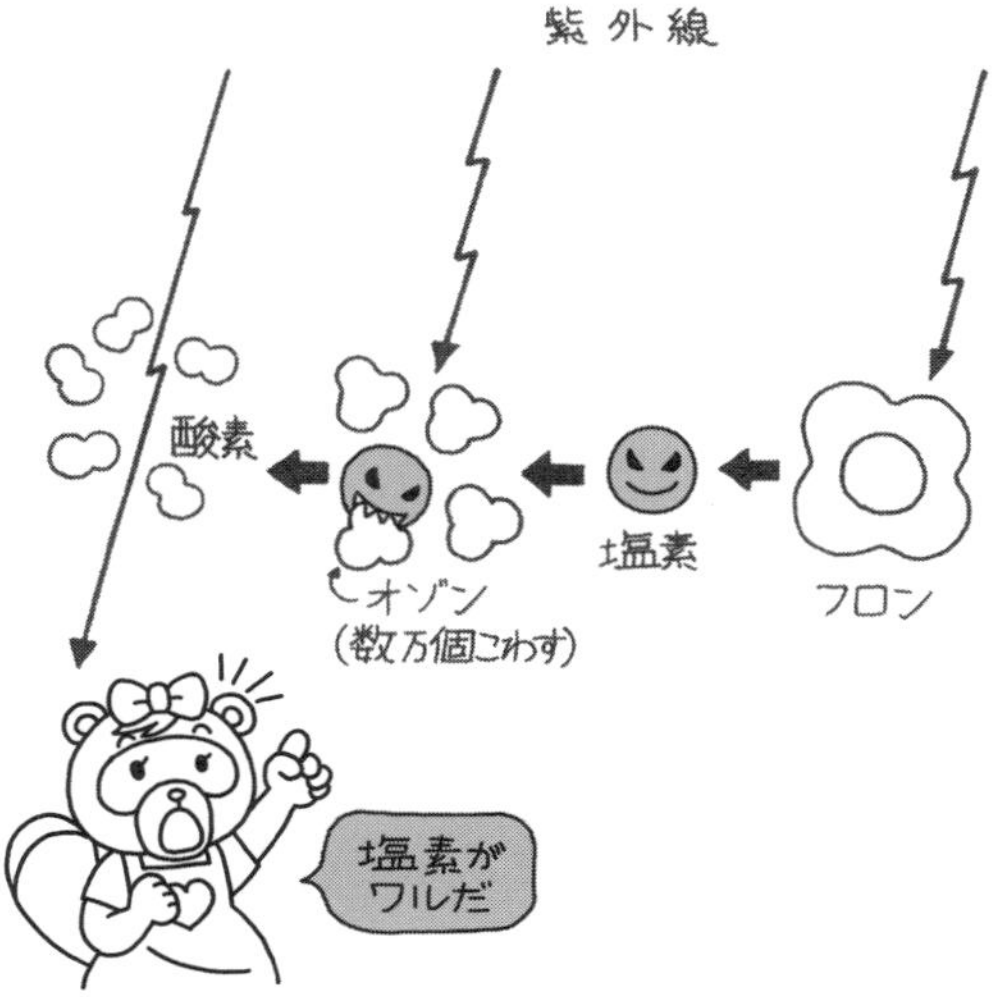

地球の周りの空気は、地面に近いところでは、地球の自転や海や山の影響で、風が吹き、早く混ざります。ここを接地層といいます。その上のおよそ１０００メートルまでをエクマン層といい、その上は空気が自由に運動している自由大気になっています。ここまでを対流圏といいます。

この対流圏の高さは、11キロメートルくらいまでです。その上には、成層圏というところがあります。

この成層圏では、太陽からくる紫外線で空気の中の酸素がオゾンに変えられ、オゾンがたまっているオゾン層というところができています。

このオゾン層では、太陽からの紫外線が使われて、酸素がオゾンになったり、オゾンが酸素に戻ったりしています。とくに、生き物に強い害のあるC波紫外線の全部とB波紫外線のほとんどがここで使われ、地上には届かなくなっています。

古いフロン類は、炭素（元素記号：Ｃ）と、虫歯予防などに使われているフッ素（元素記号：Ｆ）と、食塩に含まれている塩素（元素記号：

Cl）という原子がついてできているため、ＣＦＣ類といわれています。これらは、対流圏で壊れにくいので、地上で出されると、成層圏のオゾン層にやってきます。オゾン層で紫外線があたると、とても活発な塩素ができ、この塩素は、1個で何万個ものオゾンを次々と壊します。このため、オゾン層のオゾンが減って、地上にくる紫外線が増えてしまうことがわかりました。

１９８８年には、２０００年までにＣＦＣ類をつくるのをやめることが先進国では約束されました。

こういうと、もう古いフロン類がなくなっているので安心だと思う人も多いでしょう。でも、これらをつくるのをやめても、クーラーや冷蔵庫やビルのウレタンフォームに入っているＣＦＣ類は、10年から１００年くらい使われ続けます。そして少しずつ捨てられます。

また、このＣＦＣ類が大気中で壊れるのには、70年から１５０年くらいかかるので、オゾン層は壊され続けます。

コラム

フロン類と似ているハロン類の使い道

フロンの塩素の一部が、塩素の仲間（ハロゲン類といいます）の臭素に置き換わったハロン類もオゾン層を壊すので、１９９４年から新しくつくらないことが決められています。

ハロン類は、主に火事のときの消火剤として使われるため、大きなビルや病院などに大量にためられています。ただし、このハロン類は、火事で使わなければ、大気に出てくることは少ないものですので、ビルや病院等を立て替えるときなどに回収して再利用されます。

また、特定非営利活動法人消防環境ネットワークというところがハロンバンクとして貯蔵量などを登録しています。

なお､最近は火災報知器の設置が義務付けられ､水や泡による消火設備で消火する方法も増え､ハロン類に代わる消火剤も使われるようになっています。

新しいフロンの地球温暖化への影響を抑えられるのか

● CFC・HCFC・HFC・ハロンの化学組成

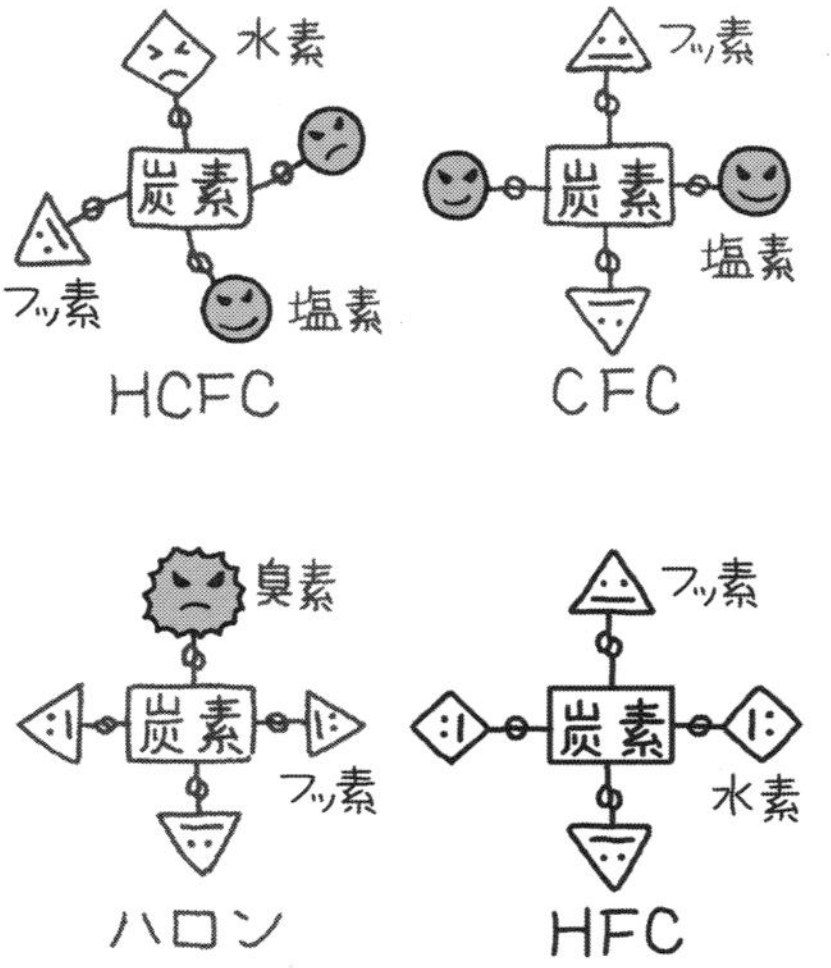

今までの古いフロン類（略号：ＣＦＣ）より対流圏で分解しやすい、水素のついた代替フロン（略号：ＨＣＦＣ）が使われるようになりました。しかし、これも、全くオゾン層を壊さないわけではありません。

このため、この代替フロンも２０３０年までにはなくすことになり、塩素を含まないフロン（略号：ＨＦＣ）がつくられ、使われてきています。

ただし、どのフロン類も地球温暖化に影響するので、もらしたり、捨てたりしないように注意し、使わなくなった装置からは回収して再利用または分解・無害化するシステムが必要です。

例えば、家庭用電気機器のメーカーがフロン類を回収して、分解・無害化または再利用するシステムをつくっています。

どの国がどれだけフロンを使ってきたのか

●世界の CFC と HCFC の消費割合
（UNEP 資料より作成）

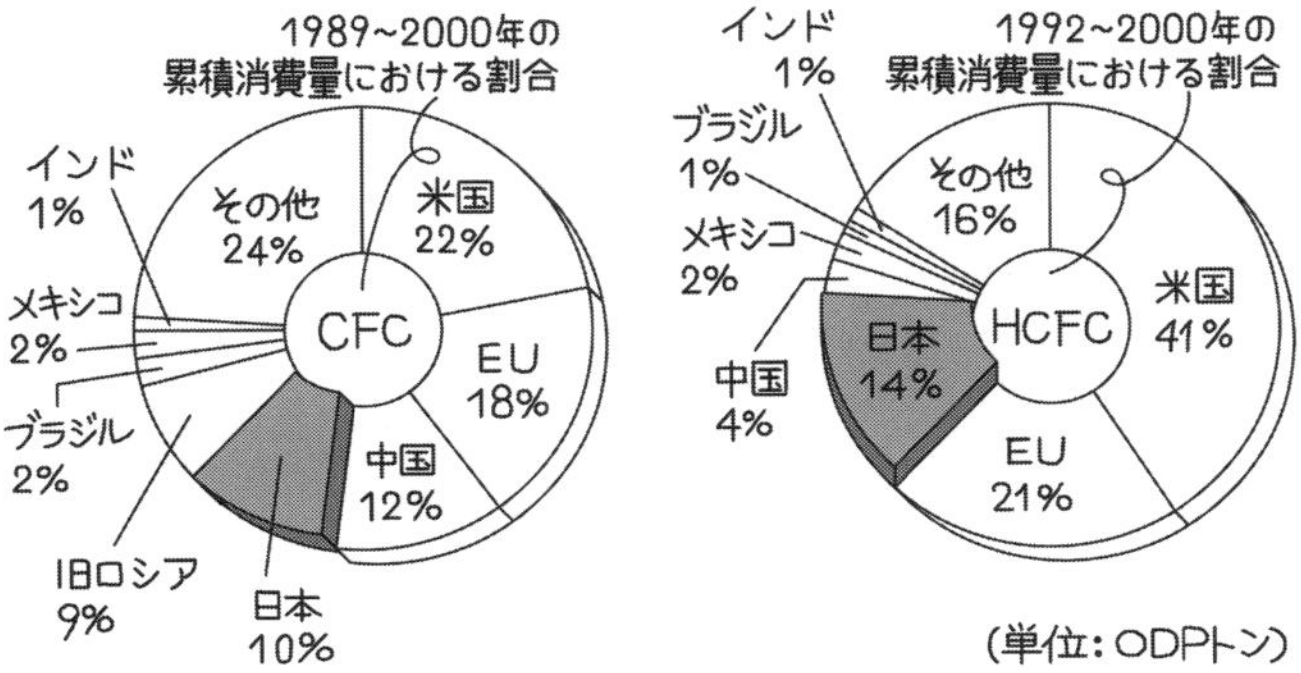

１９８０年代には、３種類のＣＦＣが世界中で１年間におよそ１００万トン使われていました。

１９８９年から２０００年までのＣＦＣの使用量は、アメリカが22％、ＥＵが18％、日本が10％、中国が12％でした。

日本は、これらの古いフロンをたくさん使っていました。

また、１９９２年から２０００年までのＨＣＦＣの使用量は、アメリカが41％、ＥＵが21％、日本が14％、中国が４％でしたが、２０２０年に製造が禁止されました。

オゾン層が壊されたり、地球が温暖化することについても日本は大きな責任があります。

これからは、日本がフロン類などを使わず、二酸化炭素などを使った冷蔵・冷凍技術や断熱技術の発展と普及に貢献することが求められています。

●これから捨てられる冷媒用フロンの量（平成16年環境省年次報告書より作成）

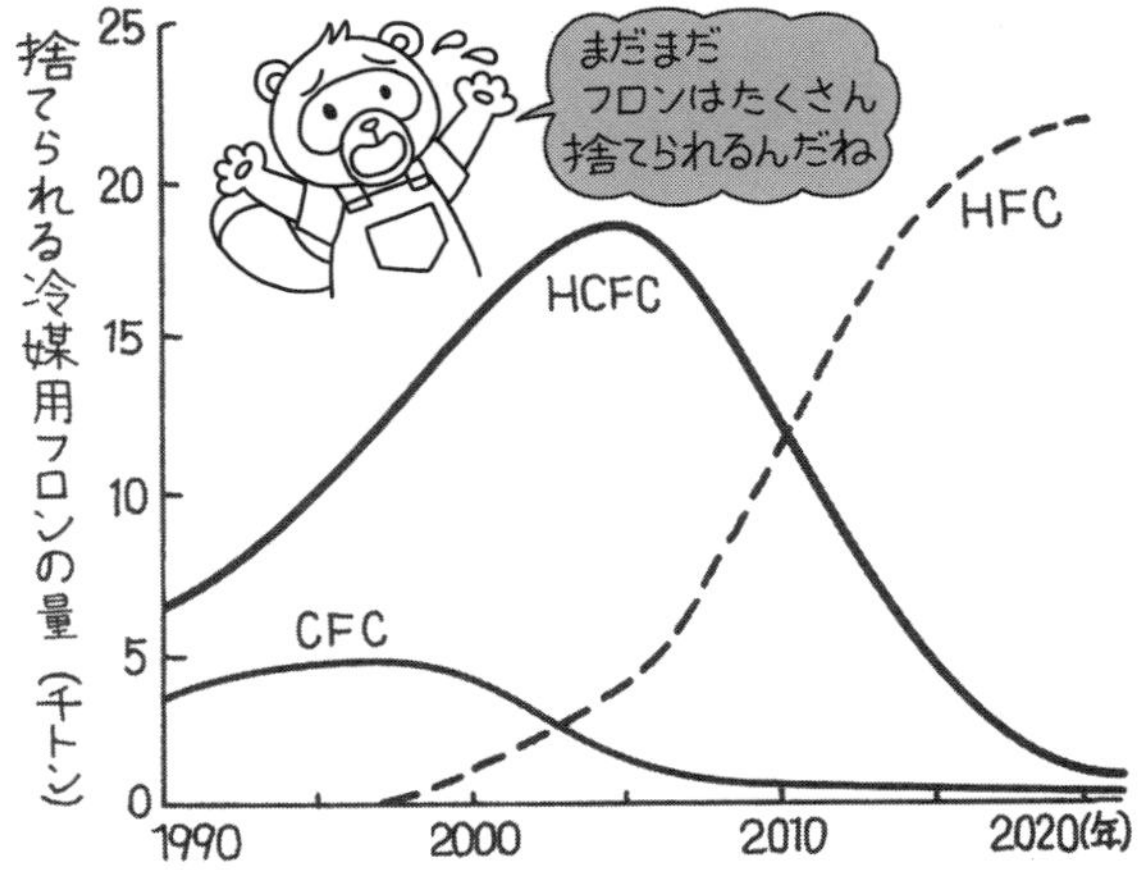

新しい冷蔵庫や冷凍庫、エアコンなどにはＨＣＦＣやＨＦＣが使われているので、使用後にはＨＣＦＣやＨＦＣが捨てられます。

また、いまだに古い冷蔵庫やカーエアコンも使われているので、これらの使用後にはＣＦＣも捨てられます。

発泡ウレタンフォームなどの発泡・断熱剤は長期間使用されるので、廃棄時だけでなく、使用中にもＣＦＣやＨＣＦＣが少しずつ放出されます。

すなわち、ＣＦＣやＨＣＦＣなどは、新たな使用が禁止されてからも長期間、環境中に排出され、オゾン層破壊や地球温暖化に影響し続けます。

このため、熱を逃げにくくするウレタンフォームなどの断熱材、あるいは冷蔵庫や冷凍庫で食品などを冷やすための冷媒などとして、フロン類の代わりに炭素と水素の化合物（炭化水素類といいます）あるいは水やアンモニアなどを使う方法も広まってきています。

世界はどう取り組んでいるのか

１９８７年には、アメリカでヘアスプレーなどにフロン類を使うことが禁止され、それからいろいろな国でスプレーにフロン（ＣＦＣ）類を使うことが禁止されました。

また、このころにオゾン層が壊され、南極にオゾンホールができる原因がフロン類だとわかってきました。

１９８５年には、オーストリアのウイーンでオゾン層保護条約（通称：ウイーン条約）が認められ、１９８７年に、カナダでフロンを減らすモントリオール議定書という世界の約束が決められました。

１８９６年には、スウェーデンのアレニウスが大気中の二酸化炭素濃度が2倍になったときの気温の変化を計算しています。

１９３８年には、大気中の二酸化炭素が増えていることが発表され、１９６５年ごろには、大気のガス組成が変わって気候が変わることが発表されました。

１９７９年になって、やっと世界気象機関（略称：ＷＭＯ）が世界気象計画をつくり、地球温暖化に取り組みはじめました。１９８５年には、オーストリアで、初めて地球温暖化問題の国際会議が開かれ、１９８７年には、具体的な調査方法などについての国際会議が開かれました。

１９８８年には、カナダのトロントで国際会議が開かれ、世界中で二酸化炭素を20％減らすことが提案され、１９８９年には、オランダのハーグで、世界の主な国の大統領や首相が集まり、地球温暖化の問題を詳しく議論する特別な機関をつくることや温暖化防止のための条約の案をつくることなどを決めました（ハーグ宣言といいます）。

２０１５年には、パリで先進国と途上国が、それぞれ対策をとることになりましたが、中国やアメリカは独自の対策をとっています。

一方、世界で２０３０年までに温室効果ガスの排出量を、２０１９年に比べて43％に減らし、２０５０年に正味ゼロにするとされています。

● 主要国・地域の二酸化炭素削減目標

国名	削減目標	今世紀中頃に向けた目標
中国	**2030** 年までに GDP 当たりの CO_2 排出を **60 ～ 65**%削減（2005 年比）	**2060** 年までに CO_2 排出を実質ゼロにする
EU	**2030** 年までに温室効果ガスの排出量を **55**%以上削減（1990 年比）	**2050** 年までに温室効果ガス排出を実質ゼロにする
インド	**2030** 年までに GDP 当たりの CO_2 排出を **45**%削減	**2070** 年までに排出量を実質ゼロにする
日本	**2030** 年度において **46**%削減（2013 年比）	**2050** 年までに温室効果ガス排出を実質ゼロにする
ロシア	**2050** 年までに温室効果ガスの実質排出量を約 **60**%削減（2019 年比）	**2060** 年までに実質ゼロにする
アメリカ	**2030** 年までに温室効果ガスの排出量を **50 ～ 52**%削減（2005 年比）	**2050** 年までに温室効果ガス排出を実質ゼロにする

このため、１９９１年にアメリカで第１回の気候変動枠組条約をつくる会議が開かれ、２０２２年には第27回パリ会議が開かれました。このパリ会議で各国が表のように削減する計画を提出しましたが、これでは地球温暖化は防げないといわれています。

例えば、スウェーデンでは、二酸化炭素の発生に税金（炭素税といいます）をかけています。また、ドイツでは、車の利用を制限して電車やバスの利用を増やす努力などをしています。

このほかに、地球温暖化の原因となる二酸化炭素を排ガスの中から取り除く方法や深い海に封じ込める方法などが検討されています。

なお、アメリカのトランプ前大統領が地球温暖化の根拠はないというようなことをいいましたが、二酸化炭素が地球温暖化に影響しているという科学的な証拠は数多くあります。

子孫にツケをまわさないように、できるだけ早くに二酸化炭素の排出量をゼロとする目標を達成することが必要とされています。

地球にやさしく暮そう

地球の温暖化の進行をおさえるためには、まず電気やガスやガソリンなどのエネルギーをムダに使うのをやめることです。

暮しの中で、次のようにすると地球にやさしくなります。

1. 冷房や暖房をあまり使わない。使うときには温度をひかえめに調節する。
2. 再生可能エネルギーで発電した電気を多く売っている電力会社から電気を買う。
3. 冷蔵庫にものを詰め込みすぎないようにし、ドアをすぐに閉める。
4. 洗たく物はできるだけ乾燥機を使わず、日にあてて乾かす。
5. 部屋を片付けてから、掃除機をかけ、掃除機のゴミをこまめに捨てる。
6. 白熱電灯や蛍光灯を使わず、できるだけＬＥＤ電球を使う。
7. テレビをつけっぱなしにしない。
8. あまり夜ふかしせず、早めに就寝する。
9. 玄関灯や門灯を昼間や深夜は消すか、自動点灯装置をつける。
10. 太陽熱温水器や太陽光発電などの太陽エネルギーを利用する装置を使う。
11. 家をつくるときに、断熱性をよくしたり、太陽光や太陽熱を利用できる家にする。
12. 風呂の残り湯を洗濯に使うなどして湯沸かし器を使いすぎない。使わないときは口火を消す。
13. 圧力なべや〝はかせなべ〟を上手に使う。
14. 近所への移動では車に乗らず、歩くか自転車で行く。
15. 車を使うときは、しっかり点検し、スピードを出しすぎない。

NOTE

Part 3

原子力発電は必要なのか

福島の原子力発電所事故後に停止していた
原子力発電所を再び動かすことについて、
反対と賛成の意見が出されています。
原子力発電所は、本当に必要なのかを考え、
自然エネルギーの活用を検討しましょう。

日本の電源の変化はどうなってきたのか

●一次エネルギー源の変化と化石燃料依存度
（経済産業省資料より作成）

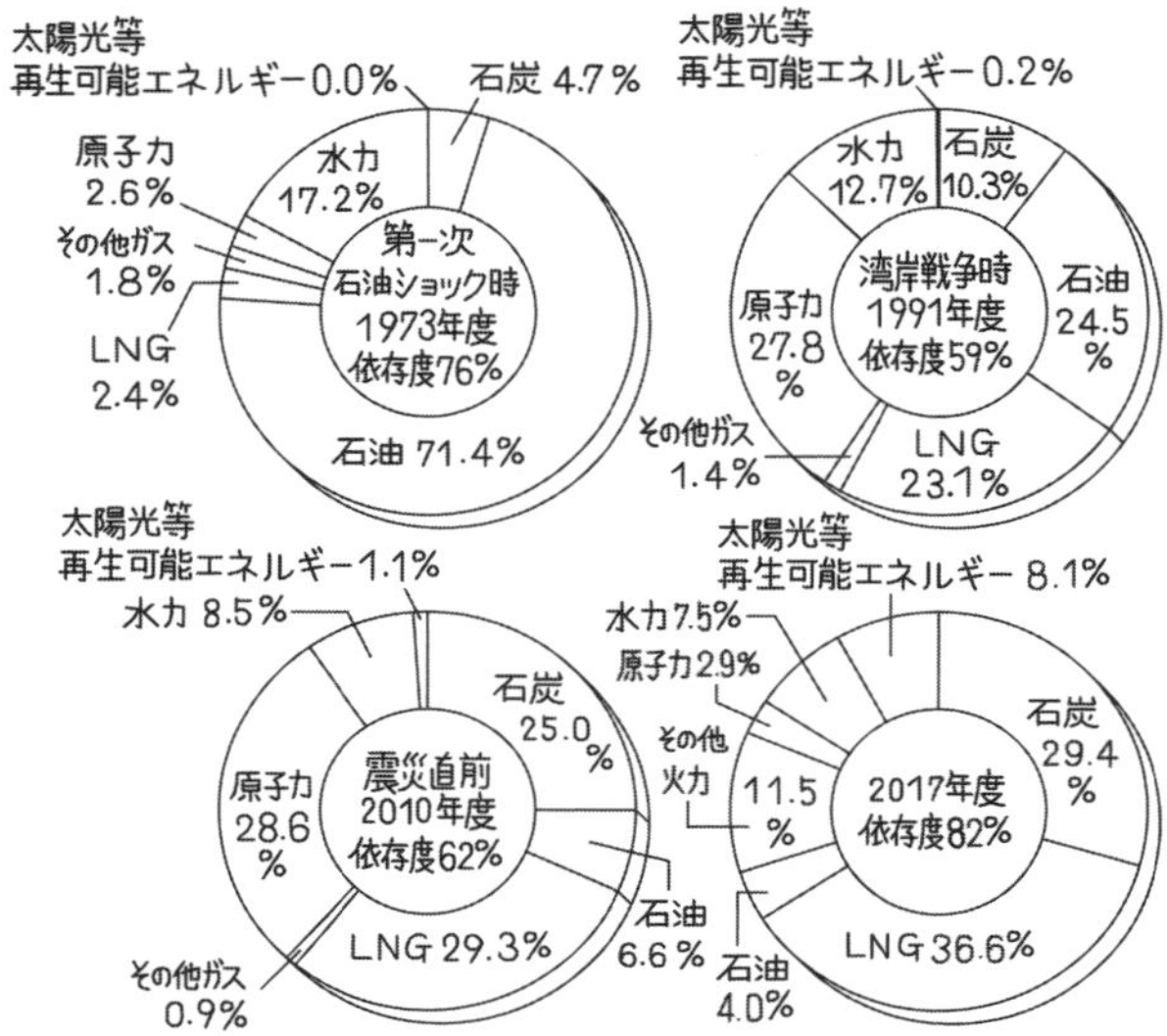

資源エネルギー庁によると、１９７３年のオイルショック時点、１９９１年の湾岸戦争時点、２０１０年の東日本大震災前、および２０１７年時点の日本の電源は、図のように大きく変化しています。

とくに、水力発電の比率が１９７３年から２０１７年には半分以下になっていること、石炭・石油・液化天然ガス（略称：ＬＮＧ）などの化石燃料による火力発電の割合が、原子力発電の増減に伴って大きく変化し、電源の割合は、かなり変わる可能性があることなどがわかります。

電力会社は、原子力発電がなければ、電気料金を上げざるを得ないと主張し、２０２１年から電気料金の値上げが続いています。

なお、原子力発電をするか、しないかよりも、火力発電用の燃料の価格と電力会社の輸入価格についての交渉力のほうが電気料金に大きく影響することがわかってきています。

コラム

エネルギーの種類と変化

●発電所からコタツまでのエネルギーの変化

エネルギーには、物質が変化するときの化学エネルギー（原子力も化学エネルギーの一種といえます）、風や圧力などの力のエネルギー、熱エネルギー、電気エネルギー、光エネルギーなどいろいろな形があります。

これらのエネルギーは、次々と形を変えながら利用されています。例えば、火力発電でできた電気でコタツにあたることを考えてみましょう。

石油、石炭、天然ガスを燃やすと、二酸化炭素などに変化するときの化学エネルギーが、熱エネルギーになります。この熱エネルギーで水を温めると、水が圧力の高い水蒸気になります。この水蒸気のもっているエネルギーで発電機のタービンという羽を回します。タービンが回ると力のエネルギーが電気エネルギーに変わります。電気は、コタツの赤外線ランプの光エネルギーになります。そして、赤外線が手足にあたると熱エネルギーに変わるのです。

このように、エネルギーが次々と渡されるときに、一部分が逃げて、ムダになってしまいます。

このムダをできるだけ少なくする工夫がされています。例えば、ＬＥＤ電球は、電気エネルギーを光エネルギーに変える割合が、白熱電球のおよそ10倍、蛍光灯のおよそ2倍といわれています。

原子力発電のプラスとマイナス

原子力発電所は、アメリカには１００基ほど、世界全体では４００基以上も設置されています。また現在、いくつもの新しい原子力発電所が建設されています。

世界に多くの原子力発電所がつくられているのは、原子力発電に以下のようなプラス面があるからといわれています。

① 大量の電力を生み出せるため、発電量あたりのコストが安い。ただし、コストについては、立地場所（町・村）への交付金や事故時の賠償金や補償金、使用済み核燃料の処理費用などを含めると高くなるという意見もあります。
② 二酸化炭素の排出がほとんどない。
③ およそ1年間は燃料を交換する必要がない。
④ ウランの供給国は政情が安定している国が多く、価格が急に変化するリスクが少ない。
⑤ ウランの流通ルートが世界的にみてもほぼ確立され、価格も安定している。
⑥ 日本は、技術力が高く、原子力発電所の輸出や管理・運営技術の輸出をすることもできる。

一方、マイナス面としては、事故が起きた汚染地では、以下のような大きな犠牲があり、国民の負担も大きいといわれています。

① 大気中に放射性物質が放出されるだけでなく、土壌や海洋など、広い範囲が汚染される。
② 放射線の影響を受ける可能性がある不安を背負って生きていくことが強《し》いられる。
③ 汚染居住地とそこでの人間関係等が奪われる。
④ 地域の住民が差別される。
⑤ 事故後の様々な対応に多くの税金が使われる。
⑥ 廃炉にとても多くのお金と時間がかかる。
⑦ 運転時に発生する放射性廃棄物の処分先のめどが立っていない。

原子力発電の必要論と不要論のすれ違い

電力を供給することが必要なのは誰でもわかることです。火力発電、自然エネルギー発電、原子力発電のいずれにも長所と短所があります。

エネルギーの安定供給には、多くの種類のエネルギー供給源をもっておくべきで、原子力発電はひとつのベースとなるエネルギー供給源として残す必要があるという意見があります。

すなわち、原子力発電所の安全性を向上させ、職員や地域と国が非常事態での対応方針をつくった上で、自然エネルギー利用技術が普及するまでは、原子力発電が必要であるとする意見です。

一方で、風力発電、地熱発電、波力発電、太陽光発電、ゴミ発電などの発電技術も、いろいろな規制をなくし、原子力発電に対する様々な助成費用などと同等か、それ以上の費用をかければ、大幅な改善や普及促進ができるとする意見があります。

しかし、必要論は比較的短期のエネルギー供給を論じ、不要論はやや長期的な姿を論じているために議論がすれ違っている場合があります。

例えば、原子力発電所の新設は認めないが、自然エネルギー利用技術が普及するまでのつなぎとしては、今ある原子力発電所を利用してもよいという意見がある一方で、つなぎとしても原子力発電は避けて火力発電にすべきだという意見があり、しっかりと議論する必要があります。

ただし、立地自治体と周辺自治体の長、および住民の合意がない限り、原子力発電所の再稼働は難しく、新設はほぼ不可能な状態になっています。このため、つなぎの電力として、古い水力発電所の利用や火力発電所に頼っています。

日本でも、世界でも再生可能（自然）エネルギー利用技術の早急な発展と普及が必要です。

放射性物質とはなにか

● 放射線の種類

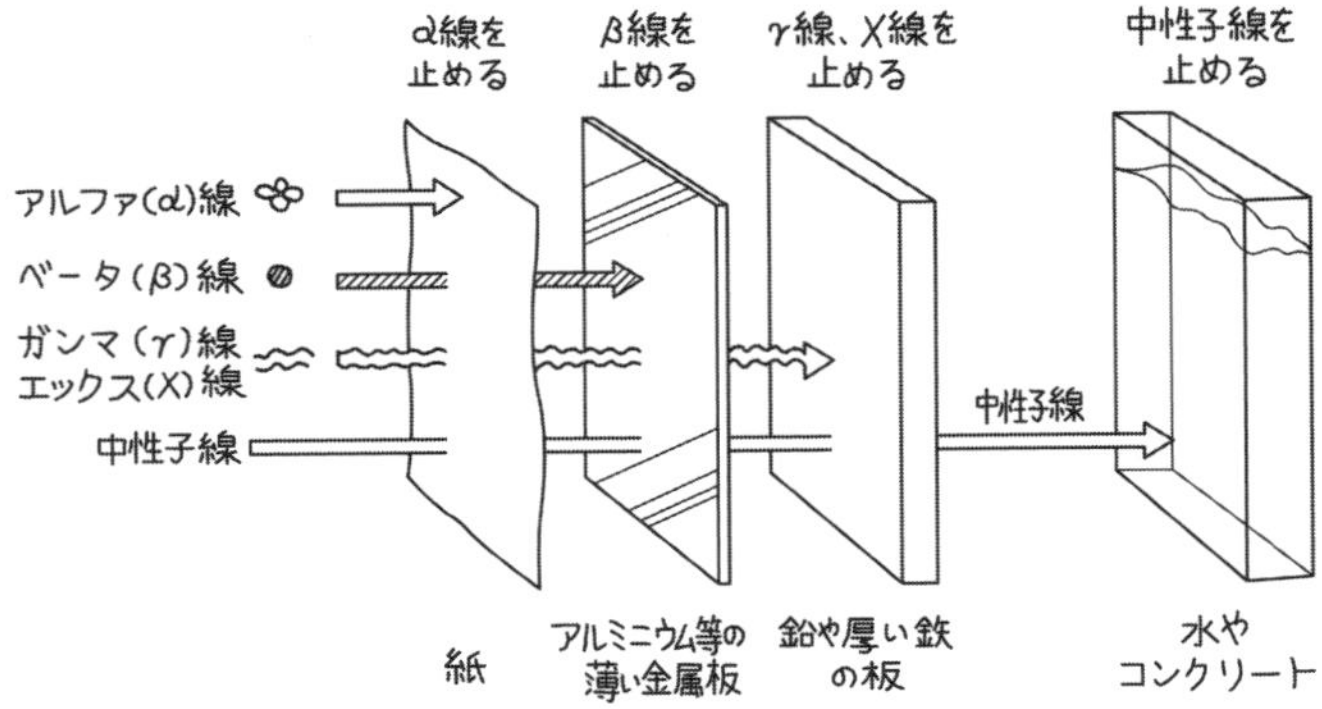

放射性物質とは、アルファ線、ベータ線、ガンマ線、中性子線などの放射線を出すものを含む物質をいいます。

自然界にも放射性物質がありますし、レントゲン写真を撮るときにも放射線が出されています。

これらの放射性物質は、放出する放射線の強さが時間と共に減り、半分に減る時間を半減期といいます。この半減期が短いものは、すぐ放射性物質とみなされなくなりますが、半減期が長いものは放射線を出し続けます。

福島の原子力発電所の事故で放出された放射性物質は、半減期が約8日のヨウ素１３１のほかに、半減期が約2・1年のセシウム１３４や、半減期が約30年のセシウム１３７が主ですが、半減期が約12・3年のトリチウムなどもあります。

このため、それぞれの半減期と量を知って、影響や対策等を考える必要があります。

福島原発事故の汚染レベルはどのくらいなのか

●福島原発事故直後の放射性物質の分布
（群馬大学　早川由紀夫教授「放射能汚染地図（八訂版）」より作成）

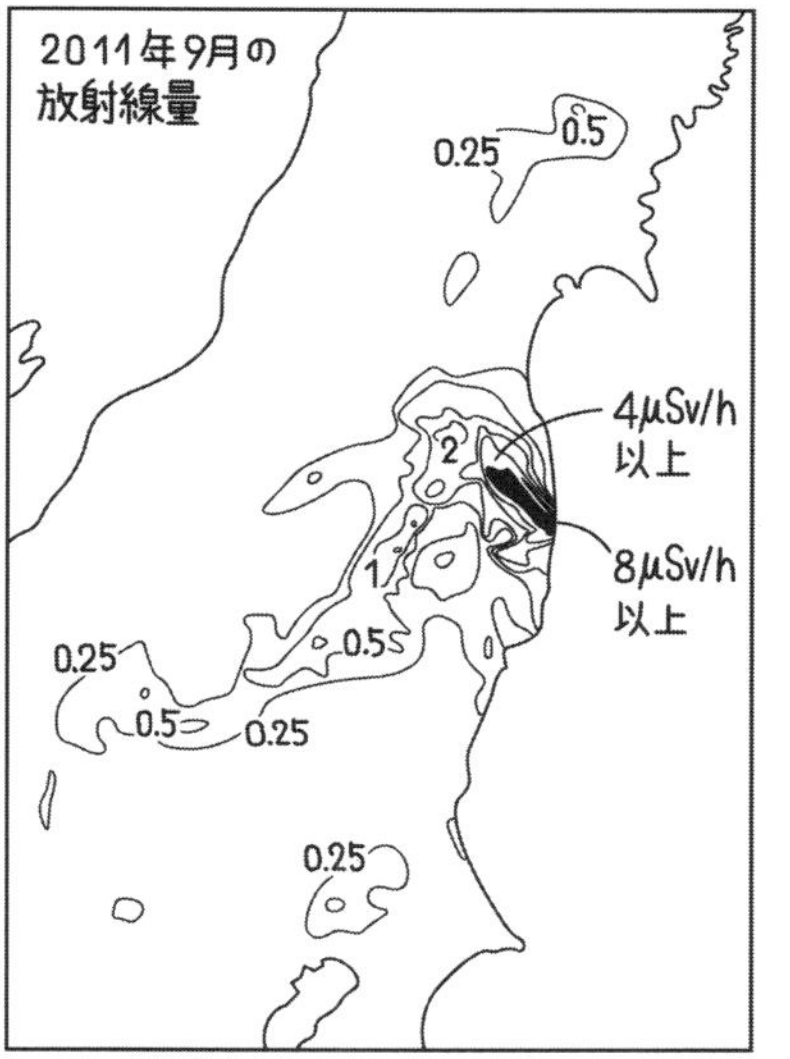

２０１１年３月11日の東日本大地震による地震動と津波の影響により、東京電力の福島第一原子力発電所で、炉心溶融《ろしんようゆう》（メルトダウン）などの事故が発生し、大量の放射性物質が放出されました。この事故は、国際原子力事象評価尺度（略称：ＩＮＥＳ）では、最悪のレベル７（深刻な事故）に分類されています。

この事故では、発電施設のベント（排気）、水素爆発、格納容器の破損、冷却水もれなどによって、大気、土壌、たまり水、立坑《たてこう》、海水、および地下水へ放射性物質が放出されました。

とくに、大気中に放出された放射性物質は、福島県、茨城県、群馬県、栃木県、岩手県、千葉県などを汚染しました。

事故直後の人が受ける空間放射線当量率の最大値は、福島県浪江町《なみえ》赤宇木《あこうぎ》で１時間あたり１７０マイクロシーベルト（μＳｖ）、福島市で24・２４マイクロシーベルト、栃木県宇都宮市で１・３１８マイクロシーベルト、東京都新宿区で０・８０９マイクロシーベルトなどとなりました。

日本の平常時の放射線量は、１時間あたり０・０２５〜０・１５マイクロシーベルト程度ですから、ひどく汚染されたことがわかります。

東京電力や国会の東京電力福島原子力発電所事故調査委員会の報告によると、大気中に放出された放射性物質の放射能の強さは、ヘリウム、ネオン、アルゴンなどの希ガスがおよそ50京ベクレル（1京は10の16乗）、ヨウ素１３１がおよそ50京ベクレル、セシウム１３４がおよそ1京ベクレル、セシウム１３７がおよそ1京ベクレルだったとされていますが、ヨウ素１３１とセシウム１３７の合計から推算した放射性ヨウ素換算値はおよそ90京ベクレルもあり、チェルノブイリ原子力発電所事故と比べて、およそ6分の1の放出量といわれています。

また、高濃度汚染水の放射性物質量は、東京電力発表の水量と濃度によれば３３０京ベクレルで、一部は海洋や地下水にもれ出ました。

土壌中のセシウム１３７とセシウム１３４の合計値は、２０１１年10月13日時点で1平方メートルあたり1万ベクレル以上となる地域が、東北・関東・甲信越の13都県で3万平方キロメートル以上とされました。

福島原発事故の放射性物質で汚染された土などは、地表面近くの比較的濃度の高い部分を集めましたが、集めた場所で放置されたままになっています。これがおよそ３０００万トンあるといわれています。

なお、年間20ミリシーベルト（1時間あたり平均２・２８３マイクロシーベルト）が住民の許容被曝《ひばく》限度とされ、避難の基準となりました。

また、政府は、長期的に追加される被曝量を年間1ミリシーベルト以下とすることを目指すとして、年間1ミリシーベルト（1時間あたり平均０・１１４マイクロシーベルト）以上の放射線量があった8県の１０２市町村を汚染状況重点調査地域に指定して汚染の除去を進め、２０１７年3月までに帰還困難区域以外の面的除染は完了しました。

しかし、この汚染の除去には21・5兆円以上の経費（税金）がかかったとされています。

これだけの費用を電気料金の値上げをせず、税金を使わずに東京電力の負担だけで行えるのでしょうか。

チェルノブイリ原子力発電所の事故後はどうなっているのか

1986年にチェルノブイリ原子力発電所で起こった爆発事故では、重さ3000トンの鋼鉄製の原子炉カバーが吹き飛ばされ、放射性の燃料棒や制御棒が多量に放り出され、周辺を汚染しました。

このチェルノブイリの事故では、広島原爆の6000倍もの放射能が放出され、ウクライナとベラルーシなどで短時間に数千人の死者が出たといわれていますが、詳しい報道はされていません。

また、原子炉の中心からの放射性物質の排出を抑えるために、日本とドイツの特製ロボットと旧ソビエトの月面車1台を使おうとして、人が原子炉の屋上にのせましたが、高い放射線量のために動きませんでした。

このような状態に対して、60万人から80万人が緊急処理にあたりました。もし、この人たちによる処理がなかったら、世界中に大量の放射性物質が広がり、ヨーロッパの全人口のおよそ40%が避難することになり、また、ヨーロッパの半分近くの土地が農業利用できなくなったといわれています。

なお、今でもチェルノブイリ原子力発電所から30キロメートル以内は立入禁止となっています。

また、この事故で大気中に放出されたプルトニウム239の半減期は2万4000年とされています。

人だけでなく、家畜や農作物も、とてつもなく長い期間の汚染にさらされることになりました。

この事故による人の健康被害については、「大きなものではない」という報道もありますが、詳しくは伝えられていません。

何万人、あるいは何十万人もの子どもたちが、時間がたってから現れる甲状腺ガンなどの放射線障害で苦しんでいるともいわれています。

放射性物質の対策技術はどのようなものか

● 増え続ける汚染水収納タンク
（東京電力ホールディングス提供）

事故を起こした東京電力福島原子力発電所とその付近では、主に左記のような放射性物質対策を行うこととしていました。

①高放射線量環境でも作業できる原子力災害ロボットの使用
②汚染水の復水器、集中廃棄物処理施設、メガフロート（巨大人工浮島）などへの移送
③汚染水の収納用タンクの新設
④ロシアの液体放射性物質処理施設「すずらん」での浄化
⑤活性炭や仙台産ゼオライト（沸石《ふっせき》）などによる放射性物質および海水由来塩分の浄化
⑥タービン建屋の汚染水を原子炉に戻すことによる汚染水の減量
⑦浄化フィルター設備および海水による冷却機の新設・接続による安定的な循環冷却系の構築

●全国の原子力発電所で未処分の放射性廃棄物

しかし、高額な処理費用を東京電力だけで負担するのか、国や関係会社が一部負担するのかについては、意見が分かれています。

一方、原子力発電所をはじめ、放射性物質がいつも発生しているところでは、多く出される放射性のヨウ素などを含む排ガスを活性炭で吸着して浄化しています。

濃度が低い排水はうすめて捨てられます。濃度が高い排水はうすめても川や海を汚染してしまいますので、活性炭やイオン交換樹脂で吸着除去されています。

活性炭やイオン交換樹脂に濃縮されて放射性廃棄物の体積は減ることになります。しかし、放射性物質がなくなるわけではありませんし、この活性炭やイオン交換樹脂の処分方法が難しい問題になっています。

これらの最終的な処分方法が決まっていないため、日本全国の原子力発電所内から出たドラム缶80万本以上の放射線廃棄物が埋設処分されることになっていますが、埋設地の反対もあり、海洋底処分も検討されています。

放射性廃棄物の処分はどうしているのか

● 放射性廃棄物は長期間管理が必要

原子力発電所を動かしているところからは、使い終わった核燃料や放射性の廃棄物が出てきます。このため、原子力発電の原料であるウランやプルトニウムを取り出し、再び使えるようにする核燃料の再処理工場が、茨城県東海村や青森県の六ヶ所村にできています。

しかし、東海村の施設の処理能力は非常に小さく、事故もありました。

六ヶ所村の施設は設計不良や施工不良などが次々と見つかり、運転できない状態が続き、廃止の方向になりました。

今は、放射性廃棄物の一部をイギリスやフランスで再処理して日本に返してもらっています。

これらの放射性廃棄物は、山中に埋めたり、深い海に沈めて３００年間管理する必要があるとされていますが、本当に３００年間も管理できるのかという大きな疑問が出されています。

このため、原子力発電所は「トイレのないマンション」などともいわれています。

世界はどう取り組んでいるのか

● **世界の原子力発電所の稼働数（2022 年）**

（日本原子力産業協会
『世界の最近の原子力発電所の運転・建設・廃止動向 2022 年版』より作成）

順位	国・地域	原発数	順位	国・地域	原発数
1	米国	93	18	ハンガリー	4
2	フランス	56	19	スロバキア	4
3	中国	51	20	ドイツ	3
4	ロシア	34	21	台湾	3
5	韓国	24	22	アルゼンチン	3
6	インド	22	23	ブルガリア	2
7	カナダ	19	24	ブラジル	2
8	ウクライナ	15	25	南アフリカ	2
9	英国	12	26	メキシコ	2
10	日本	10	27	ルーマニア	2
11	スペイン	7	28	アラブ首長国連邦	1
12	ベルギー	7	29	ベラルーシ	1
13	スウェーデン	6	30	イラン	1
14	チェコ	6	31	スロベニア	1
15	パキスタン	5	32	オランダ	1
16	スイス	4	33	アルメニア	1
17	フィンランド	4	合計		408

世界には２０２２年時点で稼働している原子力発電所が４０８あり、新しくつくることも計画されています。これらから発生する放射性廃棄物をどのように処分するかは決まっていない場合も多いのですが、前に記したように、人里はなれた山中の深い土の中や深い海に沈めて３００年間も監視し続けるとしている場合もあります。

しかし、このような方法は、将来の何世代にも負の遺産を残すことになります。

このため、ドイツや韓国では、福島の事故を教訓として、全力で自然エネルギーの利用に取り組み、原子力発電所をなくすことにしました。

一方、ウランやプルトニウムを取り出し、再び使えるようにする核燃料の再処理工場が、アメリカ、イギリス、フランス、ロシア、インド、パキスタン、中国、ドイツ、ベルギー、イタリア、ブラジル、アルゼンチンにできました。

また、濃縮して体積を減らした高レベル放射性廃棄物を、深い土の中に処分する方法を実施するためには、土の中の地下水の動きや岩石の研究など、様々な取り組

●原子のイメージ

みが必要ですが、フィンランドとスウェーデン以外ではあまり進んでいません。

フィンランドとスウェーデンでは、世界に先駆けて、放射性廃棄物の最終処分場建設の実現へと踏み出しています。

フィンランドでは、高レベル放射性廃棄物を土の中に処分するため、オルキルオトというところに処分場を建設する方針が２００１年の議会で承認されています。

２００４年になって、オルキルオトで地下特性の調査施設の建設が始まり、２０１６年に最終処分施設の建設が認可され、２０２０年代に処分場の操業を始める予定となっています。

一方、スウェーデンでは、スウェーデン核燃料・廃棄物管理会社（略称：ＳＫＢ社）が、２００９年に使用済みの核燃料などの高レベル放射性廃棄物の最終処分地として、フォルスマルクというところを調査して選定し、２０１１年に立地・建設許可申請書が提出され、２０３０年以降に操業を始める見通しとなっています。

地球にやさしく暮そう

すでに記した地球温暖化の進行をおさえる（電力消費を減らす）ための暮し方は、すべてが原子力発電に頼らない、地球にやさしい暮し方になります。

このほかに、以下のことをしてみましょう。

16 各国の1人あたりの電力消費量を調べてみる。

17 各国の電力消費量に対する原子力発電の割合を調べてみる。

18 各国の原子力発電所の位置と周辺の人口密度を調べてみる。

19 世界の原子力発電所をつくる国とつくるのをやめる国を調べてみる。

20 各国のプルトニウムの利用と処理・処分方法についての方針を調べてみる。

21 原子力発電の原料となるウラン等の産地を調べてみる。

22 世界の原子力発電所の廃棄物の処理・処分方法を調べてみる。

23 福島の原子力発電所事故による、放射能汚染地域、汚染物、汚染レベルなどを詳しく調べてみる。

24 福島の原子力発電所事故での汚染物の体積と置き場を詳しく調べてみる。

25 福島の原子力発電所事故での汚染物の処分方法についての国と自治体の方針を詳しく調べてみる。

26 休止中も含めて、日本で原子力発電所のあるところを調べてみる。

27 日本の原子力発電所のうち廃止が決まった発電所と再稼働が決まっている発電所を調べてみる。

28 日本の発電所の発電方式と設置年を調べてみる。

29 原子力発電所をつくることに反対している人たちと、つくっても問題ないという人たちの意見を詳しく調べてみる。

NOTE

Part 4

空気はきれいになってきたのか

大気はきれいになってきたといわれていますが、問題はないのでしょうか。
工場排ガス対策や自動車排ガス対策の効果はでているのでしょうか。
外国からの影響も含めて考えてみましょう。

私たちは空気をどのくらい吸っているのか

● 人は大量の空気を吸っている

私たちは毎日平均15立方メートル（１万５０００リットル）の空気を吸っています。これは重さで約19キログラムになります。

約３日で体重と同じ重さの空気を吸っていることになり、１年間では約7トン、一生の間には５００トン以上もの空気を吸うことになります。

空気の中には、フロンや二酸化イオウガスやオキシダント（オゾン）だけでなく、アスベストやＰＭ２・５という粒子などのガンのもとになるいろいろなものも入っていることがわかっています。

これらの濃度は低くても、私たちは、１年間、あるいは一生の間には、かなり多くの有害物質を肺の中に取り込んでいることになります。

このため、空気をきれいにすることは、とても大切です。

なお、私たちは、飲食で１日平均２リットルの水をとっているとされています。

日本人は何が原因で死んでいるのか

● 日本人の死因とガン死の種類別割合
（2020年厚生労働省人口動態統計および
公益財団法人日本対がん協会資料より作成）

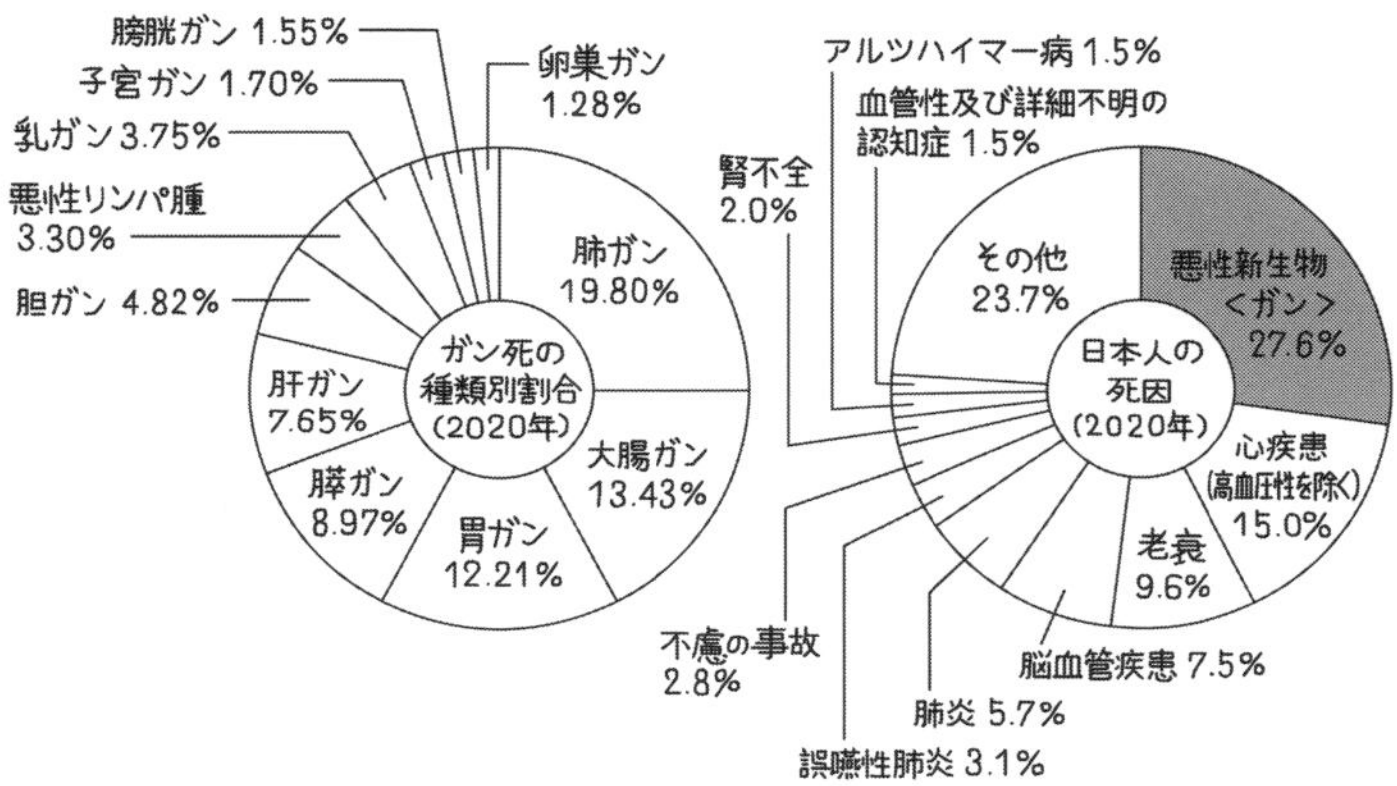

日本人が死ぬ原因は、以前は肺炎や結核などの呼吸器系の病気や胃腸炎、脳血管の病気などでしたが、１９８０年からガンが一番、心臓や血管などの循環器系の病気が二番になっています。

このごろ、お年寄りだけでなく、みなさんのお母さんやお父さんたちと同じ働き盛りの人や、みなさんと同じ若い人がガンで死ぬことが多くなりました。

１年間に約37万人以上、日本人の約３７０人に１人がガンで死んでいます。みなさんの近くにもガンで死んだ人がいるでしょう。

ガンの中でも、胃ガンは減ってきたのですが、気管・気管支（のどから肺まで）と肺や大腸のガンは増えています。

この気管や肺のガンの増加にはタバコや大気の汚れが影響し、大腸ガンの増加は食事の欧米化で脂肪分を多く摂るようになったためといわれています。

コラム

タバコはガンのもと

●タバコに含まれる有害物質

大気の汚れも大切な問題ですが、タバコを吸うと、自分の肺だけでなく、周りの空気を汚してしまいます。

タバコの煙には、一酸化炭素や二酸化イオウのほかに、タールやPM2・5などガンのもとになるものが60種類以上も入っています。また、心臓を悪くするものなどもたくさん入っています。

このため、タバコを吸う人は吸わない人より肺ガンになる人が4・5倍となるだけでなく、咽頭《いんとう》ガンになる人が32・5倍、その他のガンになる人が1・6～3・1倍になり、心臓の病気や消化器類の病気などになる人も多くなることがわかっています。

とくに、10代からタバコを吸っていると、吸わない人より5・6倍も肺ガンになり、ほかのいろいろな病気にもなって70歳までに死ぬ人が81%となり、タバコを吸わない人の58%より23%も多くなることがわかり、タバコを早くやめると平均寿命が戻ることもわかっています。

また、タバコを吸う人の近くで煙を吸う（受動喫煙）人も、病気になる確率が1・3～2・7倍になり、タバコが原因の医療費もかなり多くなっているとされています。

コラム

日本人の喫煙率の変化

●日本人の喫煙率の変化
（厚生労働省資料より作成）

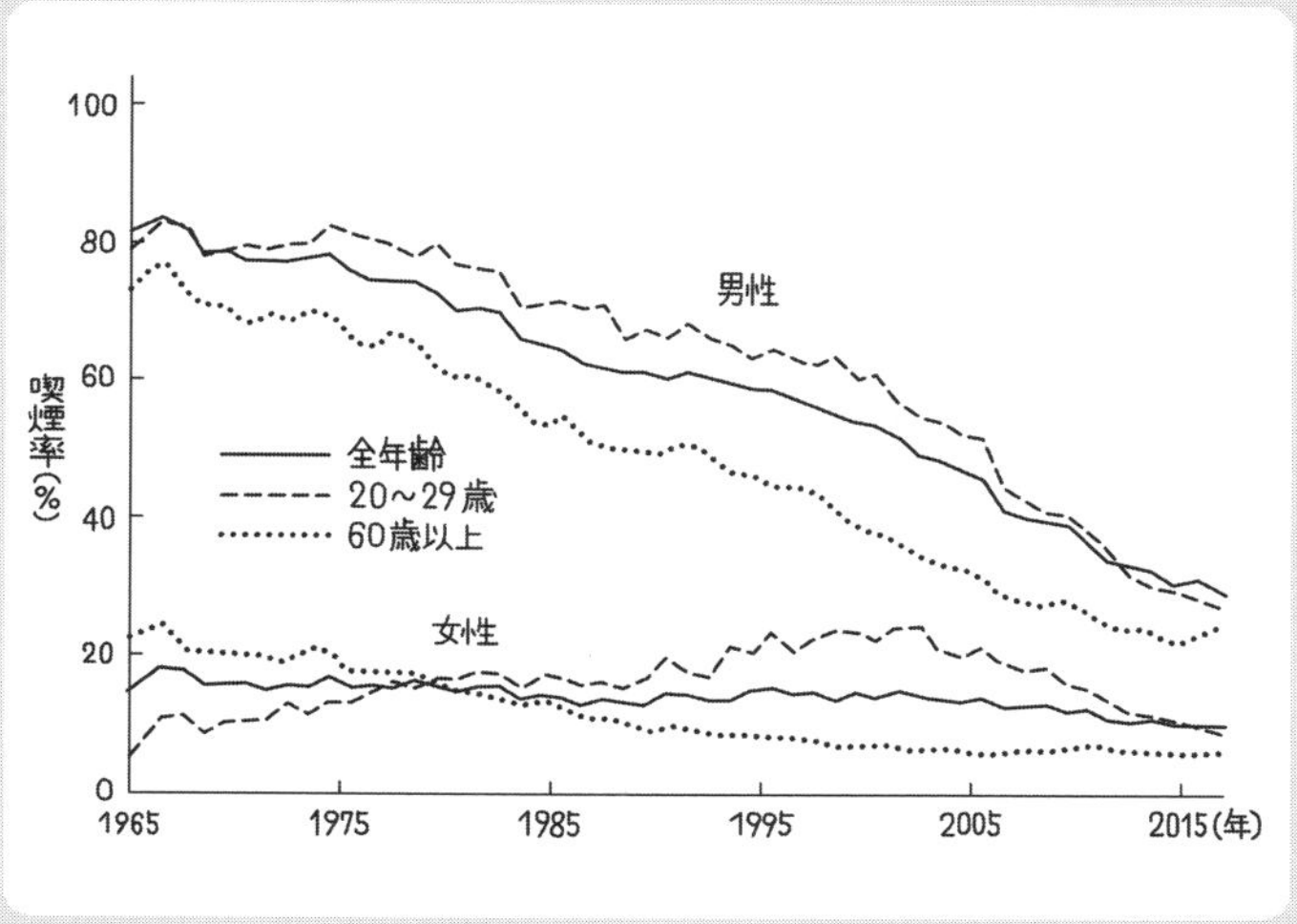

　２０１９年現在では、タバコを吸う日本人は、男の人が27・1％、女の人は7・6％、全体で16・7％で、１９７５年ごろから減ってきています。これは、タバコの害を理解した人が増えてきたためです。

　タバコを吸わない人のほうがタバコを吸う人より約５倍も多いのです。

　タバコを吸うことは、時間をかけて自殺していることになるともいわれています。

　さらに、日本では火事の原因は放火を除き、一番がタバコです。

　２０１６年には、１年間に３４８３件もタバコの火が原因で火事になっています。

　また、タバコに関係が深いマッチやライターによる火事も１年間に６６５件あります。これらのタバコ関連の火事による被害についてもしっかりと考えてタバコ対策を進める必要があります。

オキシダントはどうなっているのか

● 昼間のオキシダント濃度の年平均値の経年変化
（環境省資料より作成）

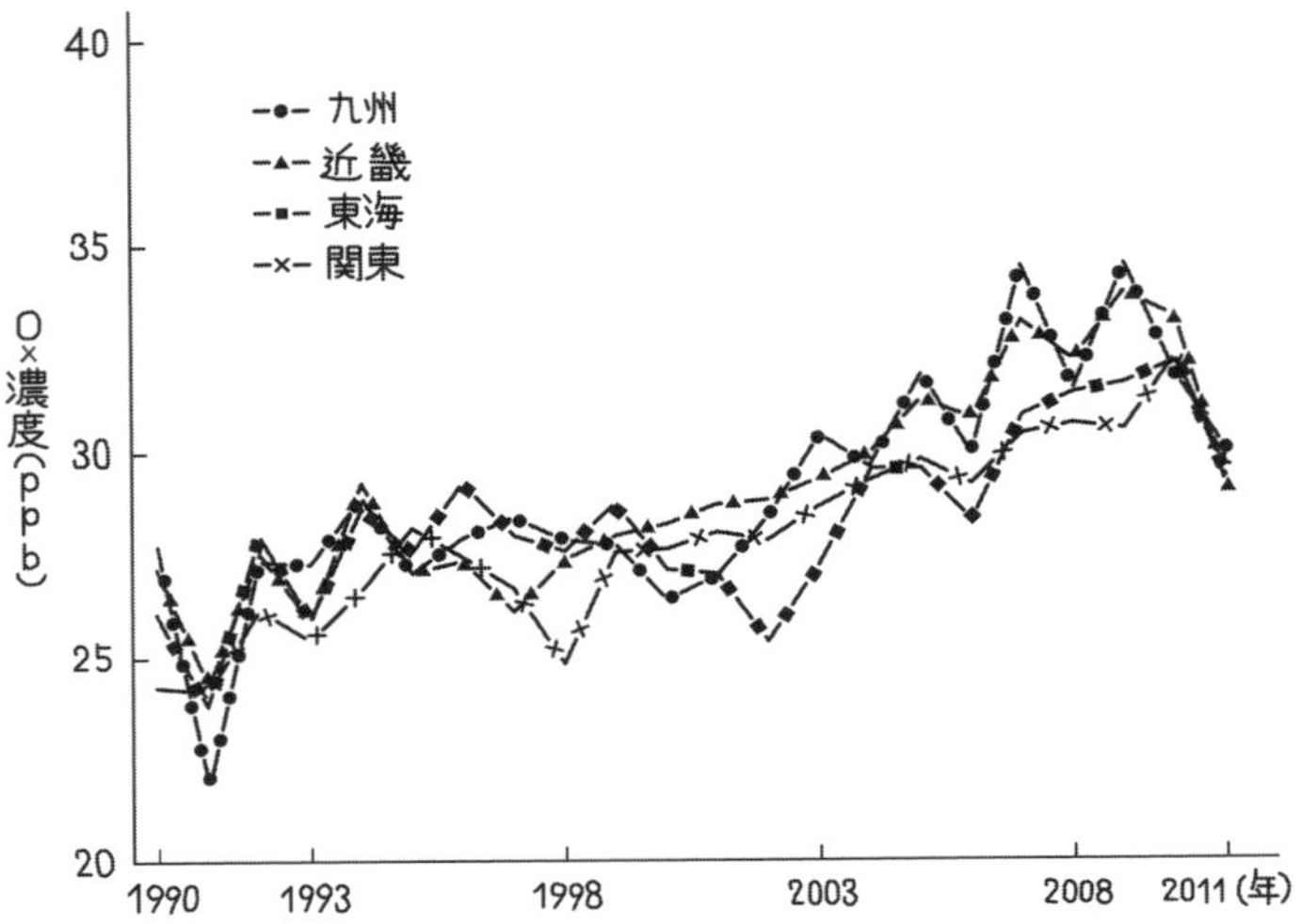

大気の中の有機溶剤など（揮発《きはつ》性有機化合物といいます、略号：ＶＯＣ）と二酸化窒素と太陽の光によってオゾンなどのオキシダント（略号：Ｏx）と呼ばれるものができます。このオキシダントの濃度が高くなると、気分が悪くなり、ひどい場合は倒れてしまいます。

このようなオキシダントの健康への影響がほとんどないとされているのは、1時間平均の濃度が０・０６ｐｐｍ（60ｐｐｂ）以下です。しかし、日本では、30年前から年平均値が増加し続け、60ｐｐｂを超えてしまう日がある地域がほぼ１００％となっています。

このため、石油タンクからもれるＶＯＣ、および工場で使う原料、およびペンキのシンナーやガソリンスタンドの排気ガスなどに含まれるＶＯＣについて、大規模な特定の施設からの排出が規制されました。

また、規制されていない施設でも自主的に排出量を減らすように、取扱方法や施設を改善することになりました。

●活性炭吸着によるVOC回収装置の例

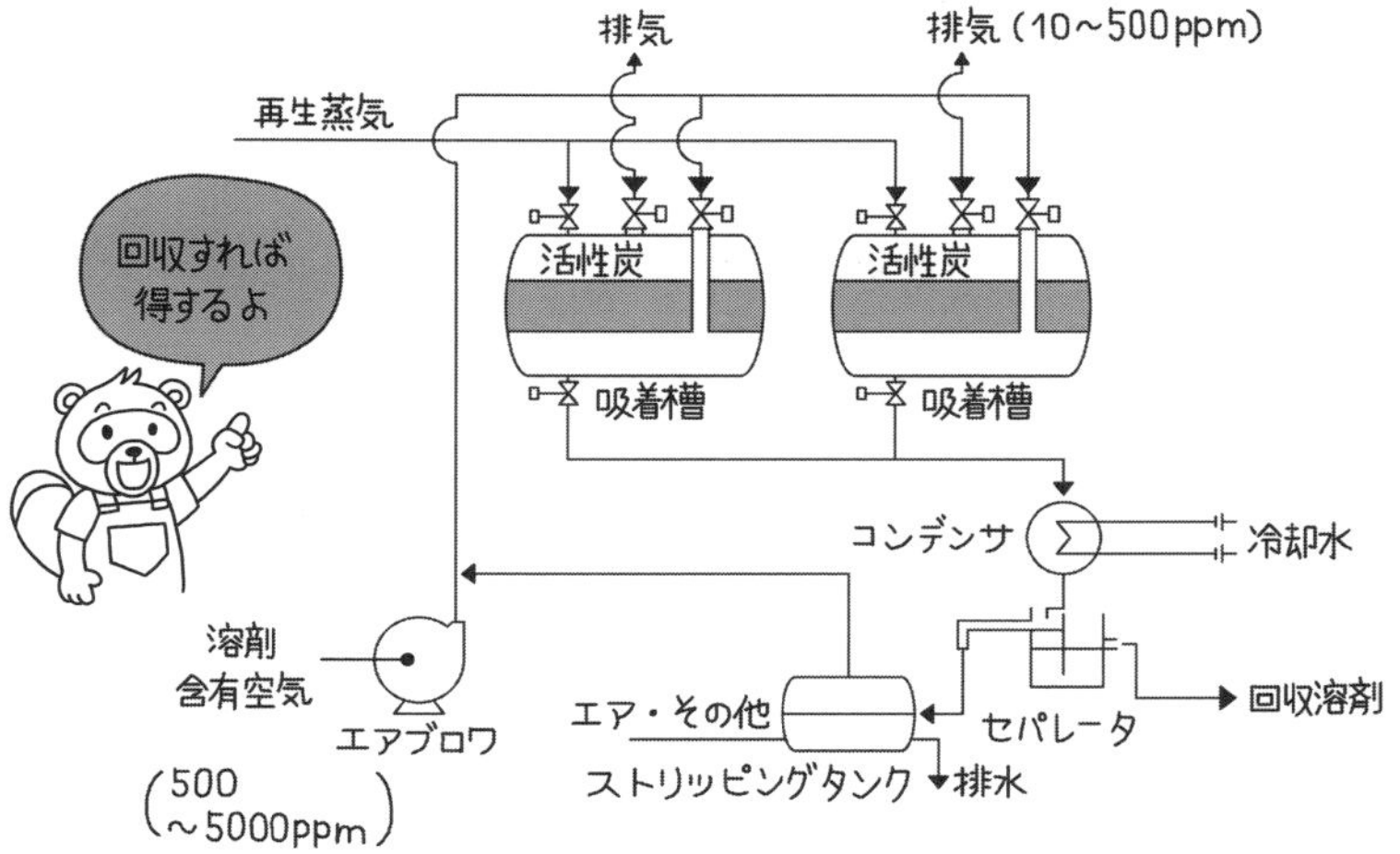

このVOCは、高濃度であれば冷却液化して回収し、低濃度であれば直接燃焼法、蓄熱燃焼法、触媒燃焼法などで焼却分解する方法、活性炭などで吸着する方法、油やアルカリなどの液で吸収する方法、あるいは、これらを組み合わせた方法で除去されています。

なお、日本では二酸化窒素などの窒素酸化物（略号：NO_x）やVOCの規制が強化されたことによって、オキシダントの1時間値が0・24ppm（240ppb）を超えると出される警報はなくなりました。

また、どこかで1時間値が0・12ppm（120ppb）を超えて注意報が出た延べ日数も2011年以降は53～101日となりました。

被害を届け出た人数も大幅に減り、最近はゼロになっています。

VOCやNO_xの規制の効果が出ています。

しかし、その一方で、中国や韓国などからオキシダントが日本に流れてくることが問題になっています。

ＰＭ２・５はどうなっているのか

●PM2.5 の測定局数と基準達成率
（環境省資料より作成）

	年度	2010	2011	2012	2013	2014
一般局	有効局数	34	105	312	492	672
	基準達成率（%）	32.4	27.6	43.3	16.1	37.8
自動車排ガス局	有効局数	12	51	123	181	198
	基準達成率（%）	8.3	29.4	33.3	13.3	25.8
	年度	2015	2016	2017	2018	2019
一般局	有効局数	765	785	814	818	835
	基準達成率（%）	74.5	88.7	89.9	93.5	98.7
自動車排ガス局	有効局数	219	223	224	232	238
	基準達成率（%）	58.4	88.3	86.2	93.1	98.3

オキシダントと同時に粒子状物質（略号：ＰＭ）ができます。

このＰＭのうちの大きなものは、鼻毛や気管支の毛にひっかかって、ハナクソやタンとして体の外に出されます

しかし、２・５マイクロメートル（４００分の１ミリメートル）より小さな粒は、ＰＭ２・５といわれ、肺の中に入り、肺の働きを低下させ、いろいろな悪影響を与えます。

日本での大気中のＰＭ２・５の濃度は徐々に下がってきてはいるものの、まだ基準以上の所があります。

例えば、２０１５年から２０１９年の、環境基準の達成率は自動車の通行が多いところ（自動車排ガス局または自排局といいます）では、約58～約98％、一般のところ（一般局といいます）でも約75～約99％になっています。

また、最近は、中国から飛んでくるＰＭ２・５の影響も問題になっています。

工場などの排ガスはきれいになってきたのか

● 燃料中のイオウをとる

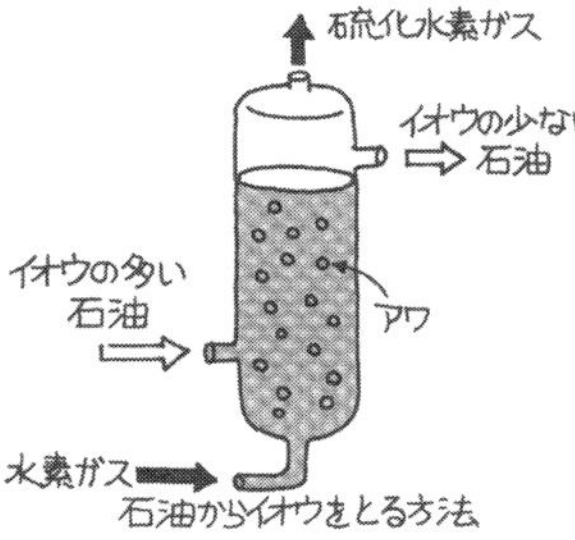

● 排ガス中のイオウをとる

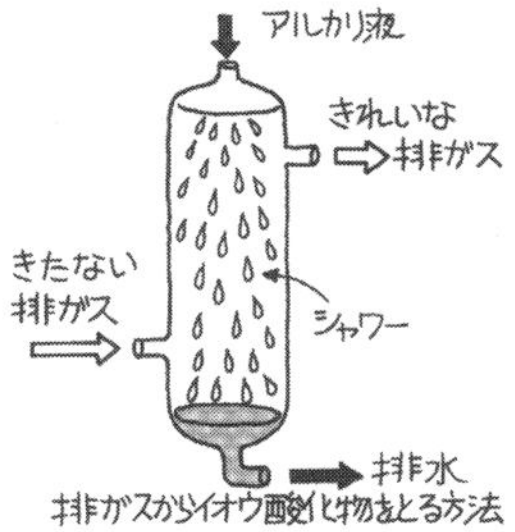

● 排ガス中の窒素酸化物ガスをとる

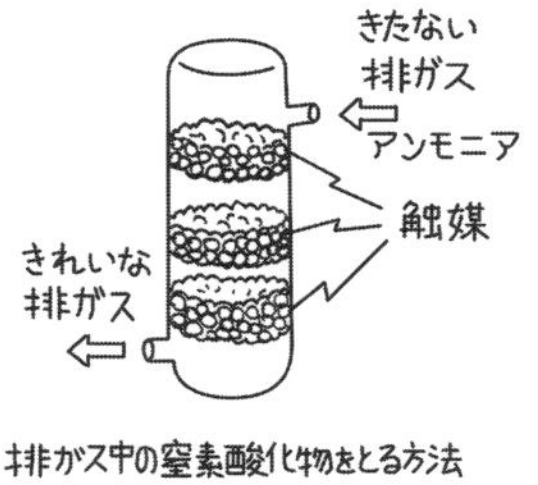

50年くらい前の高度成長期といわれた時代には、工場の煙突から黒い煙が出ていると、その地域が発展している証拠として歓迎され、被害が出ても我慢する人が多くいました。

今でも開発途上国などでは同じような状況のところがあります。

しかし、北九州市、四日市市、川崎市、横浜市などで子どもたちがぜんそくなどになり、裁判で排ガスをきれいにすることが求められました。

このため、燃料に使う石油や石炭などもイオウ分の少ないものを使ったり、排ガスから黒いススと二酸化イオウ（亜硫酸ガスともいう）などの「ばい煙」を取り除くようになりました。

さらに、最近ではオキシダント生成の原因となる排ガス中の窒素酸化物の分解や除去も求められるようになりました。

これらの対策によって、日本の現在の火力発電所やいろいろな工場の排ガス中のススや二酸化イオウは以前の10分の1以下、窒素酸化物も5分の1以下になっています。

世界中で車が増えている

● 2019 年の国別 4 輪車保有台数
（国際自動車工業会資料、日本は日本自動車工業会資料より作成）

順位	国	台数（千台）
1	中国	212,395
2	アメリカ	121,231
3	日本	62,140
4	ロシア	52,955
5	ドイツ	47,716
6	イタリア	39,545
7	ブラジル	37,720
8	イギリス	35,732
9	インド	34,503
10	メキシコ	33,008
世界合計		1,083,628

車はとても便利で、なくてはならないものになっています。

２０１９年末には、日本には乗用車が約６２１４万台、トラック・バスが約１６２８万台、合計約７８４２万台あり、一家で何台ももっているような例もある状態です。乗用車の数は、40年前の約２・９倍になっています。

日本人がもっている車の台数は中国、アメリカについで世界で3番目です。

車がどんどん増え、駅やお店の近くでは駐車場をつくるのが大変になっています。

また、あちこちの道路が渋滞して交通がうまくいかなくなることもあります。

世界中では、１年間に約７０００万台の車がつくられています。このうち、約８０７万台、10%以上を日本がつくっています。

日本は、渋滞や事故、排ガスなどの車の悪いところについても10分の1以上、中国、アメリカについで責任が大きいのです。

コラム

日本人の交通事故死者数

日本の交通事故での死亡者数は減ってきていますが、それでも2021年には2636人が死んでいます。もし今、戦争で2600人以上の日本人が殺されたら、みなさんどう思いますか。

残された家族の人やケガをした人を合わせると、毎年とてもたくさんの人が車のために不幸になっています。

電車やバスなどの公共交通機関を利用したり、複数の家庭で車を一緒に使うカーシェアリングで自動車の数を減らしたり、自家用車より厳しく管理されて事故の少ないタクシーやハイヤーを利用するなどして、必要以上に自家用車をもたないことが求められています。

● 日本国内の交通事故での死亡者数
(2020年警察庁資料より作成)

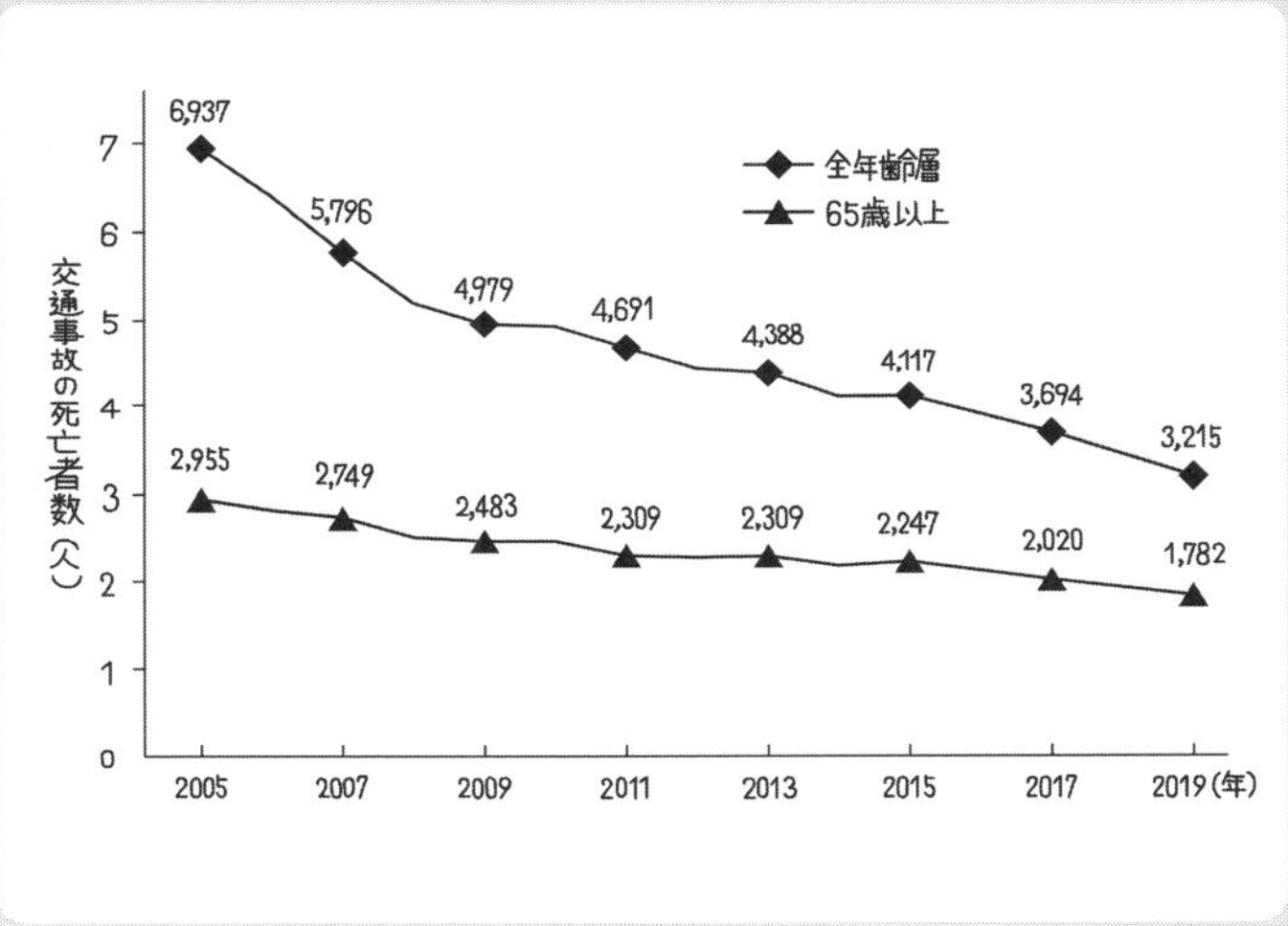

● カーシェアリング

車の排ガス対策はどれだけ進んでいるのか

● 車の排気ガスには何がある

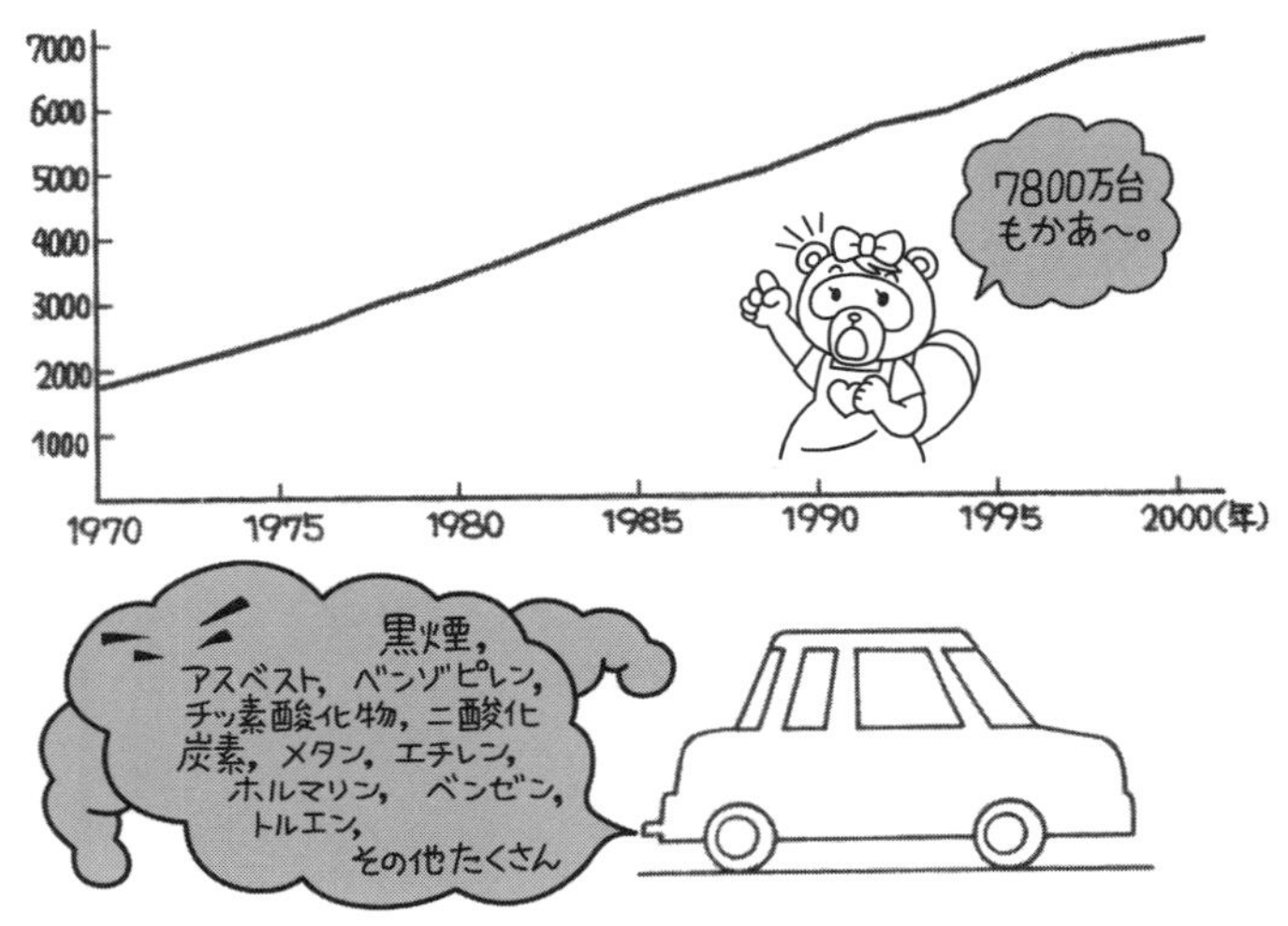

車の排気ガスの中には、地球温暖化のもとになる二酸化炭素、酸性雨やスモッグのもとになる窒素酸化物ガス、ガンのもとになるベンゾピレンやベンゼンなどが入っています。

このため、車の排気ガスやガソリンのもれなどについては、車の種類と年ごとに、細かく、厳しく規制されてきています。

車の排ガスなどの規制は、日本がアメリカよりも遅れていましたが、排ガス対策をした車が国際的な競争になり、日本でも対策が進みました。

ガソリンなどで走る乗用車の排ガスの日本での規制は、１９７３年、１９７５年、１９７６年、１９７８年、１９９８年、２０００年、２００５年、２００９年、２０１５年と、２０２２年までに９回も強化されました。これは、前の規制がゆるかったということを示しています。

トラックやバスなどの軽油で走るディーゼル車の排ガス規制はなかなか進みませんでしたが、元東京都知事が規制強化を打ち出したこともあり、２００３年から、ディーゼル車の排ガス対策が進みました。

具体的には、エンジンへの燃料と空気の供給を最適にして上手に燃やす方法や、排ガスを触媒という反応を進めるもので完全に燃焼させる方法、触媒で窒素酸化物ガスを窒素に変える方法などで排ガスがきれいにされています。

また、車のガソリンタンクから出るガソリンなどの蒸気も、活性炭で取ってからエンジンに入れて利用する方法が使われています。

でも、車の数が増えてくると大気が汚れることになります。

スイスのある町では、消防車などの、どうしても必要な車以外の車を使わないようにしています。でも、このように厳しい方法は、なかなかできません。

そこで、ドイツなどのいくつかの国では、鉄道やバスを増やしてマイカーの利用を減らすようにしています。

車に環境税をたくさん払わせる方法も検討されています。

また、大切な自然の中に大きな道路をつくらないようにもしています。

さらに、排気ガスが多く出るガソリンや石油を使わないで、アルコールや電気で動く車がつくられてきました。

例えば、ブラジルでは太陽エネルギーの利用効率が高いサトウキビやトウモロコシを栽培し、サトウキビやトウモロコシからアルコールをつくって燃料に加える方法が進んでいます。

ドイツでは２０３０年までに、燃料を燃やすエンジンを禁止する決議がされました。

電気自動車は排気ガスを出しませんし、音も静かで、安全性も高くなります。

なお、電気をつくる発電所の排ガスは、ばいじんだけでなく、イオウ酸化物や窒素酸化物のガスをかなり除去するようになっています。

電気自動車には、今のところ、夜などに電気をためる蓄電池を使う車が多いのですが、もっとエネルギーをムダなく使う方法が求められています。そこで、メタン

● 電気自動車

● 電動バイク

● 電動アシスト自転車

ガスや水素ガスなどから発電する燃料電池を使う車もテストされています。

近いうちに、電気自動車や燃料電池自動車が多く使われるようになるでしょう。

また、電動バイクや電動アシスト自転車も普及してきています。

酸性の強さはどう表すのか

● 身近なものの pH

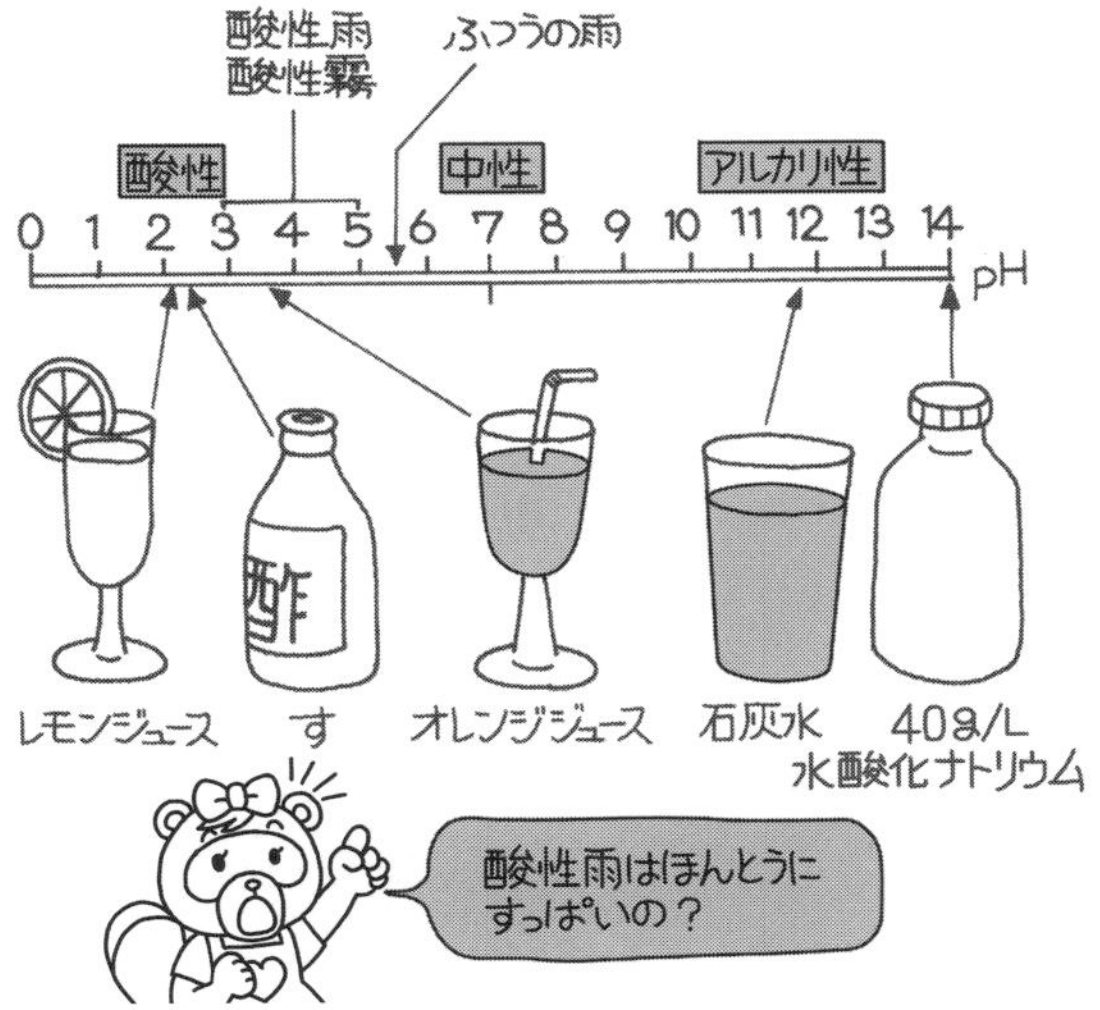

いろいろなものが酸性か、アルカリ性かは、ｐＨ（ピーエイチ、ペーハーともいいます）という数値で表します。ｐＨが７のときが中性で、７より小さいほど酸性が強く、７より大きいほどアルカリ性が強いことを示します。

例えば、１００％のオレンジジュースはｐＨが３・５くらい、料理に使うお酢はｐＨが２・５くらい、レモンジュースはｐＨが２・３くらい、胃液はｐＨが１・３くらいです。

また、運動会で線を引くときにまく白い粉の石灰を水に入れるとｐＨが12くらいになります。

きれいな水でも、空気中の二酸化炭素が溶けて炭酸になっていますので、ｐＨが５・６くらいになります。でも、このくらいの酸性では、何も被害はありません。

酸性雨というのは、ｐＨが５・０より小さい雨をいいます。

なお、ｐＨが５・０より小さい酸性の霧も問題になっています。

コラム

ｐＨの決まりと測り方

●pHメーター

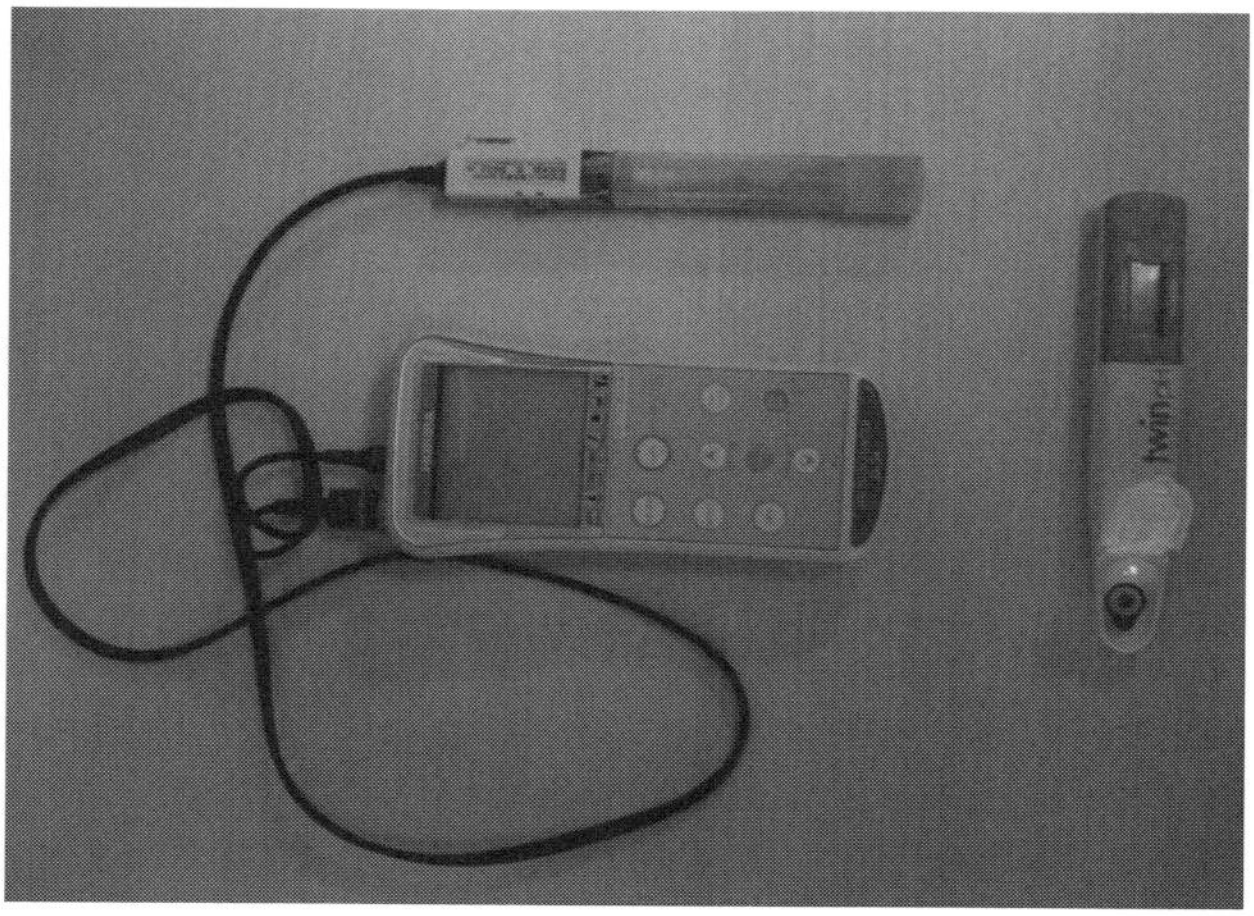

酸は、水の中で水素イオンというものを出します。この水素イオンの濃度が、10の何乗分の１であるかをｐＨといいます。

すなわち、水素イオンの濃度が10倍違うとｐＨが１だけ変化します。

例えば、１００（10の2乗）倍違うとｐＨが2だけ変化します。また、ｐＨが4の雨の中には、ｐＨが5の雨より10倍の水素イオン（酸）が入っていることになります。

このｐＨは、水素イオン濃度によって色の変わる薬品（ｐＨ指示薬といいます）で調べる方法や、ｐＨ試験紙という薬品のついた紙で調べる方法でも、おおよその値がわかります。

正確にｐＨを測るにはｐＨメーターを使います。

このｐＨメーターは、研究用のほかに、熱帯魚の水を調べる道具としてペットショップでも売られています。

ただし、ｐＨを正確に測るには、標準液というもので目盛りを合わせてから測る必要があるので注意しましょう。

雨や霧の酸性は改善してきたのか

●岩手県大船渡市三陸町綾里と東京都小笠原村南鳥島の降水（雨）のpHの経年変化

（気象庁資料より作成）

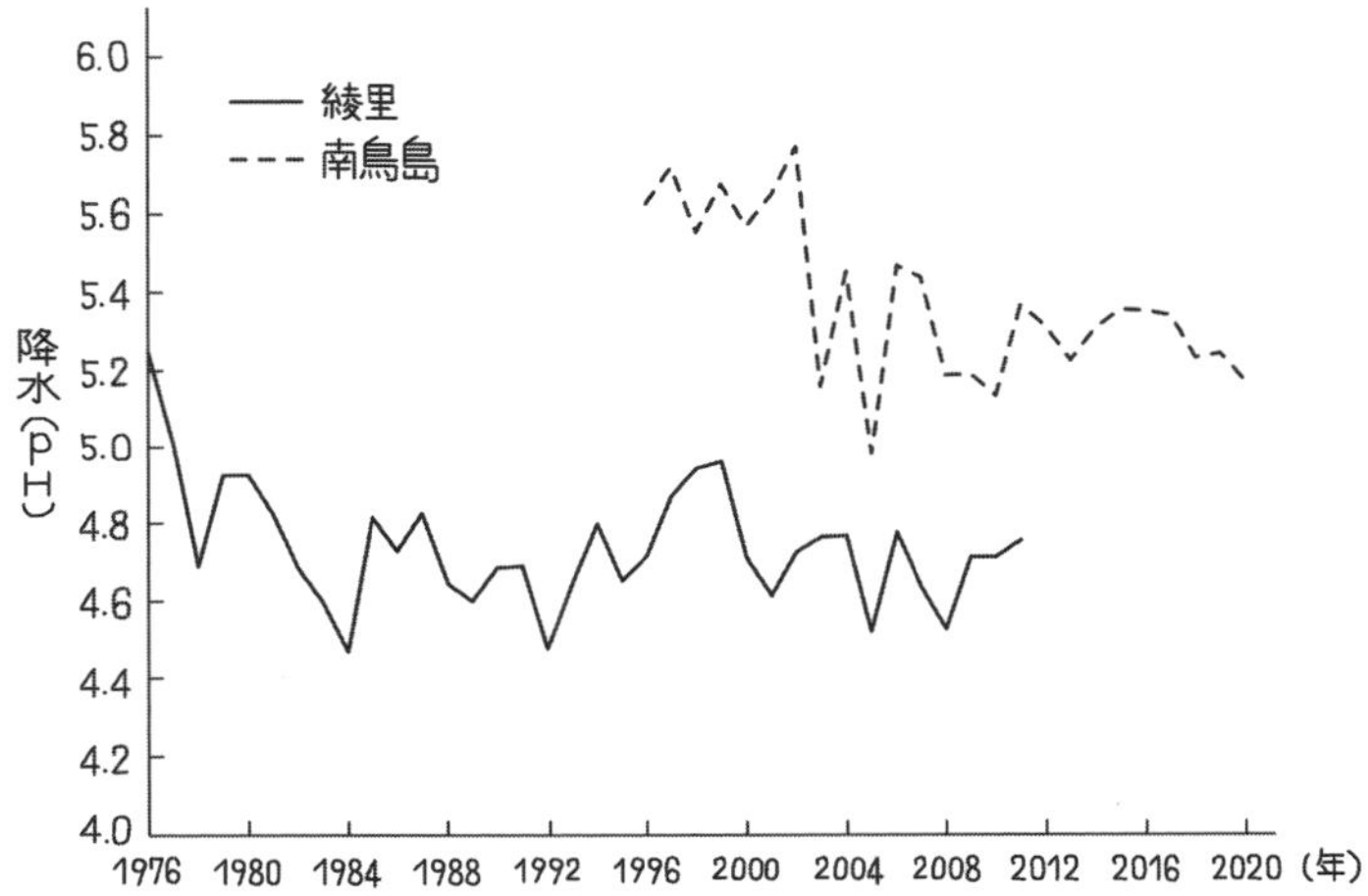

日本では、１９７０年代に、イオウ酸化物ガスなどでたくさんの人がぜんそくなどの病気になりました。このため、空気中で酸になるイオウ酸化物や窒素酸化物の規制が強化されました。これで、酸性の雨や霧の問題は改善されたはずです。

しかし、気象庁データによると、工場などの少ない岩手県の綾里《りょうり》というところで測っている雨のｐＨ《ピーエイチ》は、１９７６年からずっと、４・５～５・０くらいで、小笠原村の南鳥島より酸性のままです。

これは、窒素酸化物ガスの発生が減っていないことや、中国や韓国からの大気汚染物質が日本にやってくることが一因と考えられています。

中国や開発途上国では、工業化が進み、車が増えてくるにつれて、酸性ガスの排出量が増えています。

地区によっては、雨や霧がオレンジジュースと同じくらいのｐＨの酸性になり、森の木が枯れたり、農産物の収穫が減ることなどが心配されています。

● 日本各地の雨の pH の例
（2020 年度環境省酸性雨調査結果より作成）

測定地点	年平均	最大	最小
北海道（利尻）	5.04	6.45	4.18
北海道（札幌）	4.99	5.93	4.41
新潟（巻）	4.96	7.14	3.74
東京	5.11	6.18	4.14
小笠原	5.08	5.92	4.12
岐阜（伊自良湖）	5.02	5.45	4.12
大阪（尼崎）	5.02	5.54	4.20
高知（檮原）	5.00	5.54	3.90
福岡（筑後小郡）	4.92	5.78	4.24
宮崎（えびの）	5.01	6.12	4.02
沖縄（辺戸岬）	5.07	6.24	3.70
最大	5.24	7.14	4.42
最小	4.68	5.31	3.70
全国平均	5.01	－	－

日本各地の雨の年平均のｐＨは、５・０１となっています。

また、周辺に多くの工場等がある東京や大阪に比べて、札幌、新潟、福岡などの雨のｐＨが低くなり、酸性になっていることが示されています。

これらのことから、酸性の雨が国内の工場等からだけではなく、中国や韓国などの排ガスの影響を受けていることが推察されます。

すなわち、中国や韓国の排ガス浄化に日本が協力しないと日本の酸性の雨や霧は改善されないといえます。

どの国が酸性ガスをどれだけ出しているのか

● 2018 年のイオウ酸化物ガス排出量
（OECD 資料より作成）

順位	国または地域	イオウ酸化物ガス（SOx）排出量
1	中国	8,754 千トン
2	ロシア	3,703 千トン
3	トルコ	2,454 千トン
4	オーストラリア	2,154 千トン
5	アメリカ	1,820 千トン
6	メキシコ	1,361 千トン
7	カナダ	701 千トン
8	日本	577 千トン
9	ポーランド	427 千トン
10	ドイツ	263 千トン

２０１８年に世界中で大気中に出されたイオウ酸化物ガス（略号：ＳＯｘ、主に二酸化イオウ：亜硫《りゅう》酸ガス）の量は、約２２９０４千トンです。

このうち、中国が約38・２%、アメリカが約９・１%、ヨーロッパ（ＥＵ）が約19・５%、ロシアが約16・２%を占め、日本は約２・６%排出しているとされています。

もう一つの酸性ガスである窒素酸化物ガスは、主に燃焼によって空気中の窒素と酸素が反応してできます。

２０１８年にＯＥＣＤ加盟国から大気中に出された窒素酸化物ガスの量は、約２３３４万トンです。中国からが約１００万トン、ロシアからが約３５２万トンで、日本からが約１２６万トンで、工業国の中では少ないほうです。

なお、主要国ではイオウ酸化物ガスや窒素酸化物ガスの排出抑制対策がとられ、排出量は減少傾向にあります。

酸性ガス対策はどれだけ進んでいるのか

日本では、１９６０〜１９７０年代に、大気の汚れで多くの被害者が出ました。このため、イオウ酸化物の排出については全国に適用される一般排出基準と、汚染が著しいか、あるいは著しくなる恐れがある地域で、新設される施設に限って適用される特別排出基準が決められました。

さらに、工場などが多く、工場ごとの排出規制では環境基準の達成が難しい24の地域については、知事が地域全体で許される合計の排出量を決めて、排出量を減らす計画をつくって規制しました。とくに、新しくつくったり、増設した工場に対しては、ほかより厳しい特別の基準を当てはめました。

これらの規制を受けて、イオウ分の少ない石油や石炭を輸入したり、石油や石炭からイオウ分を除いたり、排ガスを浄化して、工場排ガス中の二酸化イオウを減らすように努力されてきました。

これらによって、二酸化イオウの排出量が１９９２年の約６９４・７万キログラムから、大幅に減って、大気中濃度もほぼ環境基準を満たしています。

一方、窒素酸化物については、１９７１年の「大気汚染防止法」の改正によって、「ばい煙」の中の有害物質のひとつに追加され、１９７３年には二酸化窒素についての環境基準が設定され、１９７８年に改定されました。また、同年には、大型ボイラー、加熱炉等の規制対象施設の拡大や規制基準の強化が始められ、１９８３年までに五次に及んで規制の強化が行われ、１９８５年からは、新たに小型ボイラーについても規制が行われました。

さらに、１９８１年からは、工場等が多く、通常の排出規制だけでは環境基準の確保が難しい東京都特別区等地域、横浜市等地域、大阪市等地域の3地域では、工場、事業場ごとに排出の総量を規制する総量規制が実施されています。

これらの規制強化によって工場等からの排出量は大幅に減りました。

一方、自動車から出される窒素酸化物については、ガソリンと液化天然ガス（略号：ＬＰＧ）を燃料とする乗用車に対しては１９７３年度から、ディーゼル車に対しては１９７４年度から、それぞれ規制が始められ、その後、ガソリンとＬＰＧを燃料とする乗用車には２００２年度規制が実施され、軽油を燃料とするディーゼル乗用車やトラック、バス等についても規制が強化されてきました。

これらによって、窒素酸化物の排出量が１９７０年代の10分の1以下になっていますが、大都市地域の自動車の多い地域では、窒素酸化物の環境基準を達成できていないところがあります。

この原因としては、外国からの流入のほかに、車からの排出量が計画していたほど減っていないことがあります。

すなわち、車が走る距離が長くなったこと、車の寿命がのび、新しい車に適用される規制の効果がすぐに現れなかったこと、トラックやバスなどを中心に、ガソリン車に比べて窒素酸化物の排出量が多いディーゼル車の割合が増えたこと、ディーゼル車の中でも中型の貨物車、窒素酸化物の排出量の多い直噴式ディーゼル車の割合が増えたこと、二輪車に規制がないことなどによるとされていました。

このため、２０１５年にはディーゼル車と二輪車の規制強化が行われました。

一方、工場のばい煙やＶＯＣなどの規制の強化も行われ、日本では大気汚染が原因で新しくぜんそくになる人やオキシダントで具合が悪くなる人は大幅に減りました。

一方、開発途上国などの工業化や都市への人口集中が進んでいる国では、大気汚染の被害が増加しています。

コラム

石油や石炭の中のイオウ分

石油や石炭の中には、イオウ分が1～5%くらい入っています。これらを燃やすと、５００～２５００ｐｐｍくらいのイオウ酸化物ガスなどが出ます。

日本の大気中の二酸化イオウの基準は、０．０４ｐｐｍですから、排ガスのイオウ酸化物ガス濃度は、その何万倍もあることがわかります。

このため、石油や石炭の中のイオウ分を減らしたり、排ガスの処理をしなければなりません。

なお、石炭や石油を燃やすときに、空気中の窒素と酸素から窒素酸化物ガスができます。

このため、排ガス中の窒素酸化物ガスをアンモニアと反応させて無害な窒素ガスにする方法などが使われています。

なお、天然ガスはイオウ分が少なく、均一に燃焼しやすいため、これらの酸性ガスが出にくい長所があります。

コラム

イオウ分を取り除く方法

イオウ酸化物ガスを減らすために、石油の中のイオウ分を取る方法と排ガスの中からイオウ酸化物ガスを取る方法が使われています。

石油の中からイオウ分を取るには、石油に水素ガスを吹き込んで、イオウを硫化水素というガスに変えて追い出す方法が多く使われています。この硫化水素ガスは、火山や温泉でくさいにおいのするガスです。

硫化水素ガスからはイオウが取れ、そのイオウは、硫酸などをつくる原料として使われています。

排ガスから酸性のイオウ酸化物ガスを取るには、アルカリ性の水で排ガスを洗う方法が多く使われています。

アンモニア水で取ったイオウ酸化物ガスを肥料にすることもあります。このほかに、活性炭にくっつけて取る方法なども使われています。

世界はどう取り組んでいるのか

アメリカは、１９６３年にできた大気浄化法という法律を１９９０年に厳しくすることにしました。この法律で、イオウ酸化物ガスや肺にたまりやすい小さな粒子状物質（略号：ＳＰＭ）、有毒な一酸化炭素やフロンや鉛、地球温暖化のもとになる二酸化炭素などの規制を厳しくしました。

さらに、大気中にあるアスベストやいろいろなＶＯＣを含む２００種類近い有害な化学物質の表（リスト）をつくり、次々と規制することにしました。

ＥＵでも世界の健康を考える世界保健機関（略称：ＷＨＯ）のガイドラインの達成を目標として、対策の見直しが進んでいます。

タバコについてもＷＨＯが禁煙を勧告しています。オーストラリアでは25本入りのタバコ１箱が３１４７円、ニュージーランドでは２７１１円で、日本よりかなり高くなっています。

また、ＥＵやアメリカでは、公共施設などは全面的に禁煙とされています。

なお、アメリカでは、タバコで病気になった人がタバコ会社に損害賠償を求めるようになっています。

また、オリンピックも原則禁煙とされています。

日本では、厚生労働省も２０２０年の東京オリンピックまでには原則禁煙とする方針を示しました。

しかし、日本ではタバコの税金が国や地方自治体の収入になっていること、タバコを吸う国会議員が多く、タバコ農家などの支援を受けている国会議員もいることなどから禁煙対策がなかなか進みません。

また、多くの開発途上国では禁煙対策が進んでいません。

タバコで病気になった人がお医者さんにかかっているために、保険などで国や自治体、国民が負担しているお金を考えると、タバコで税金が増える分が得ではないという報告もあります。

タバコは健康に害があることが明らかなものですから、できるだけ少なくする方向で検討することが必要です。

地球にやさしく暮そう

大気中のガンのもとになるものを減らすためには、まず、禁煙と車の排気ガス対策を進めることが有効です。そのためには、地球温暖化のところで書いた14や15の方法のほかに、次のことをしましょう。

30 タバコを吸わないようにする。

31 タバコに高い税金をかけるように働きかける。

32 タバコをやめられない人は排ガスの完全処理ができる決められた場所で吸う。

33 できるだけ電車やバスを使う。

34 すぐにマイカーを使わず、とくに必要なときはタクシーやレンタカーをうまく使う。

35 車に乗るときは、できるだけ相乗りする。

36 ディーゼル車よりガソリン車、ガソリン車よりハイブリッド車や電気自動車を使う。

37 使っている車の排気が黒い煙を出していないか、燃費が悪くなっていないか調べ、必要な対策をとる。

38 休みの日の行楽も渋滞を思い出してなるべく電車で行く。

39 工事や工場から出る有害なものを調べてみる。

40 近くの工事や工場で有害なものを出さない工夫がどのようにされているかをきいてみる。

41 ドライクリーニング工場や塗装工場などから、においのするガスがたくさん出ていないか確認し、必要な対策をしてもらう。

42 ペンキは有機溶剤の入っていない水性のものを使う。

Part 5

川や湖や海はきれいになってきたのか

川がきれいになったといわれていますが、
湖や海はどうでしょうか。
水の汚れは、どうやって調べるのでしょうか。
また、排水はどうやって処理し、水道水は
どうやってつくっているのでしょうか。
大切な水を守りましょう。

川や湖や海の汚れを数値化するには

●環境基準達成率の推移
（2022年度環境省公共用水域水質測定結果より作成）

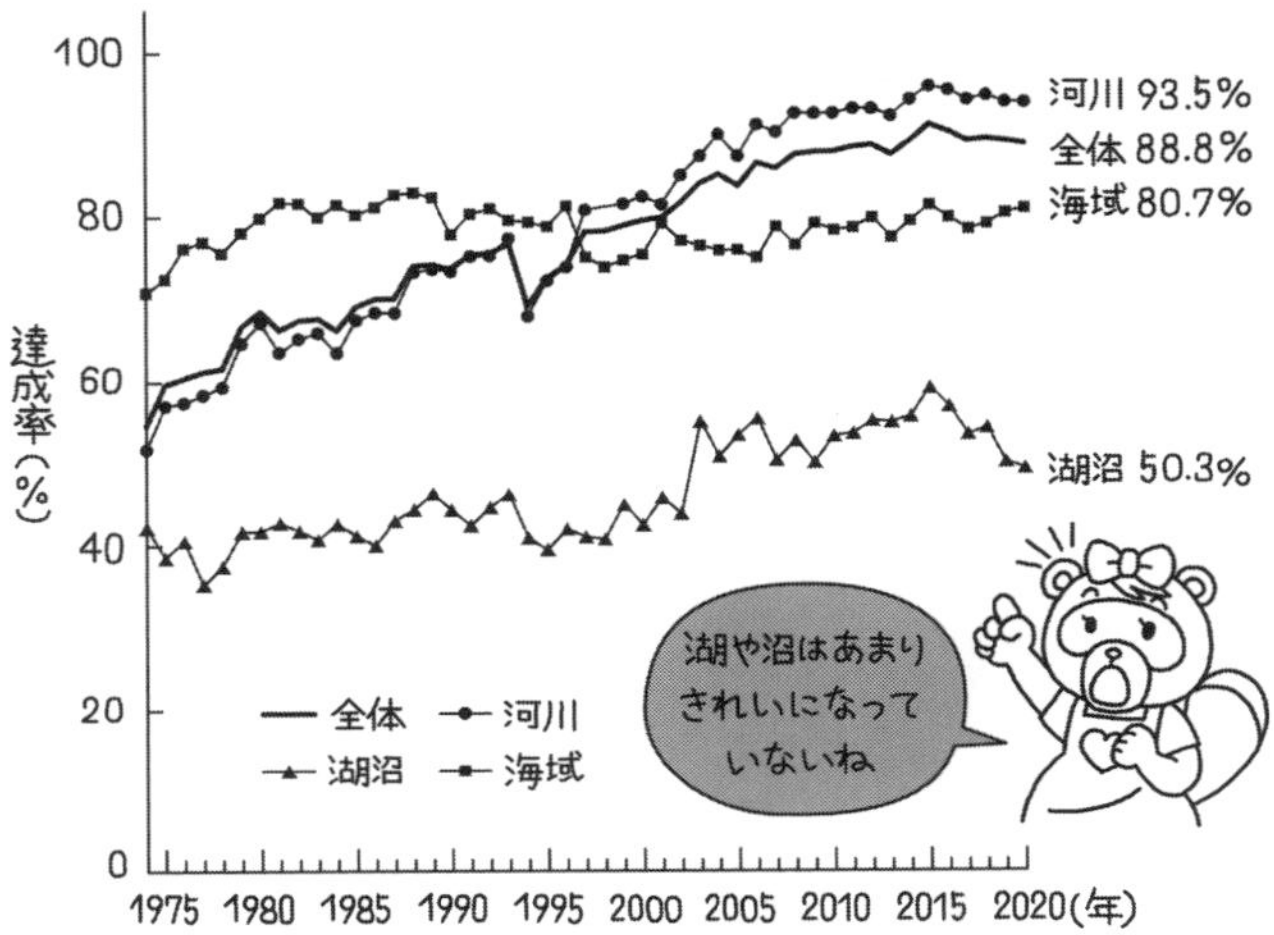

川の汚さは、水の中の細菌などが汚れを食べるときに消費する酸素の量を示すＢＯＤ（生物学的酸素要求量）という数値で評価されています。また、湖や海の汚さはＢＯＤの代わりに酸化薬品の酸素を消費する量を示すＣＯＤ（化学的酸素要求量）で評価されています。

日本では、このＢＯＤが、国の決めた値より悪い川の割合は、１９７５年度には、約45%もありましたが、２０２０年度末には、６・５％に減っています。

すごく汚れていた東京の墨田川なども、きれいになってきました。

一方で、ＣＯＤが国の決めた値より低くなった湖や沼は、１９７５年度の約40%が、２０２０年度末になっても50・３％しかありません。

湖や沼は40年たってもあまりきれいになっていないので、思い切った努力が必要です。

なお、海もＣＯＤが基準値より低くなったところは１９７５年度の約71%が２０２０年度末に約80・７％になっただけです。

コラム

魚は、わずかな酸素で生きている

● 空気と水の中の酸素濃度

ふつうの温度では、酸素は水の中に最高で９ｐｐｍ（１００万分の９）くらいしか溶けません。１リットルの大きな牛乳パック１本の水に９ミリグラム、酸素ガスの体積でおよそ７ミリリットルしか溶けないのです。

汚れた川では、細菌が汚れを食べて分解するのにこの酸素を使ってしまうので、９ミリグラムよりも少なくなり、ひどいときにはほとんどゼロになってしまいます。

人間は21％、空気１リットルに２８０ミリグラムも酸素の入った空気を吸っていますが、魚などの水の中の生き物は、とても限られたわずかな酸素で一生懸命生きているのです。

人が川を汚すことは、水の中の生き物の酸素を奪うことになるのです。

そして、魚などを食べて生きているゴイサギ、コサギ、コアジサシ、カワセミなどの鳥たちも生きていけなくしてしまいます。

川の汚れと生き物

●川の汚れと小さな生き物

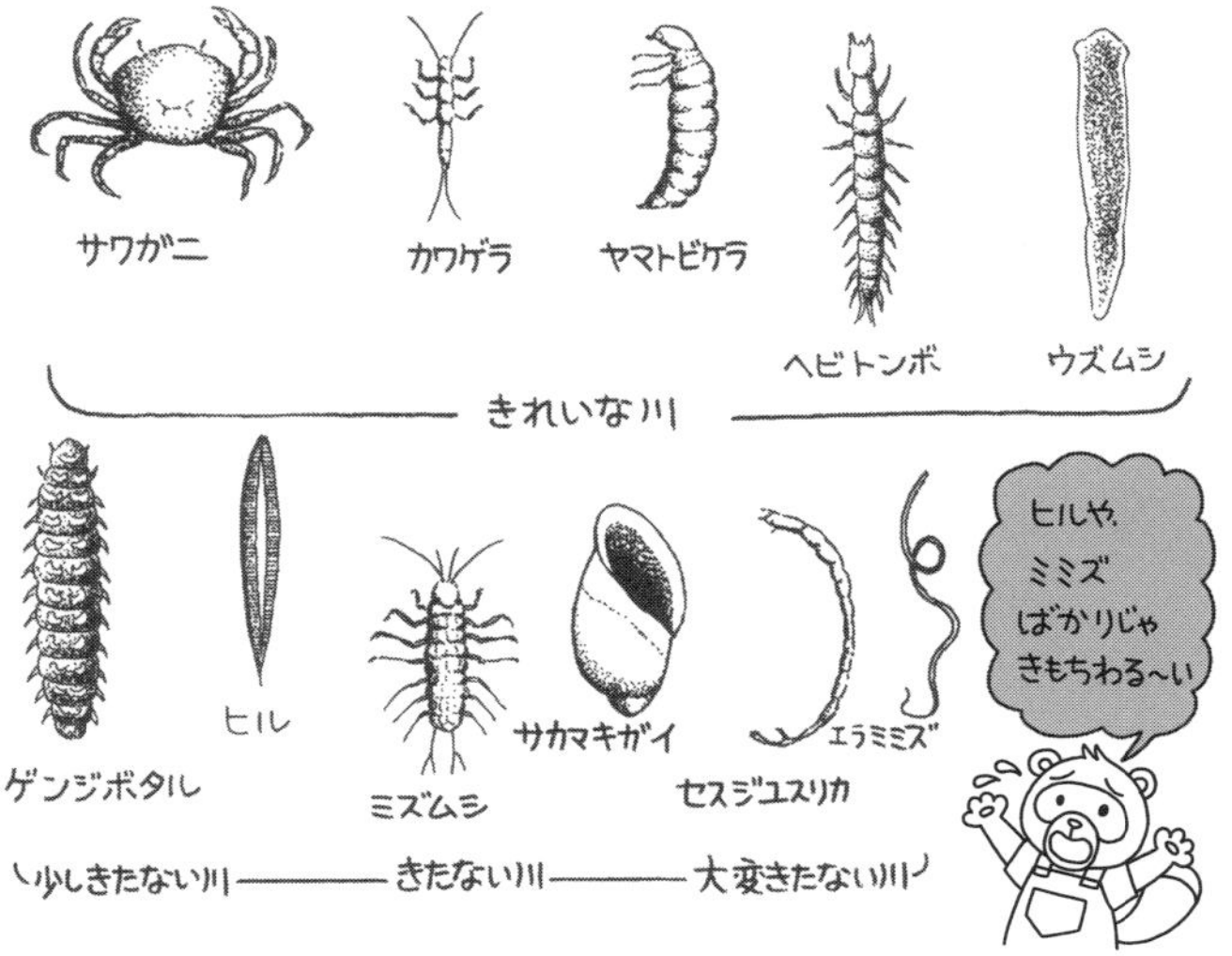

川がどのくらい汚れているかは、ＢＯＤやＣＯＤなどを測らなくても、川に住んでいる生き物を調べることでもわかります。

例えば、サワガニやカワゲラとかヘビトンボという虫がいる川は、とてもきれいです。カゲロウやヒルやミズムシがいる川は、汚い川で、サカマキガイやユスリカやイトミミズがいる川は、とても汚い川といえます。

また、ヤマメやアユがいる川は、きれいですが、コイやフナだけしかいない川は、あまりきれいではありません。

このように、川にいる生き物を調べるのは、楽しいものです。先生やお母さんやお父さんたちと近くの浅い川で生き物を調べてみてください。

なお、日本水環境学会というところで、このような生き物の調べ方のわかりやすい冊子『川の生きものを調べよう－水生生物による水質判定－』を安価に発行していますので参考にしてください。

川の汚れは誰のせいなのか

● 家庭のどこからどれだけの排水が出るか
（国土交通省資料より作成）

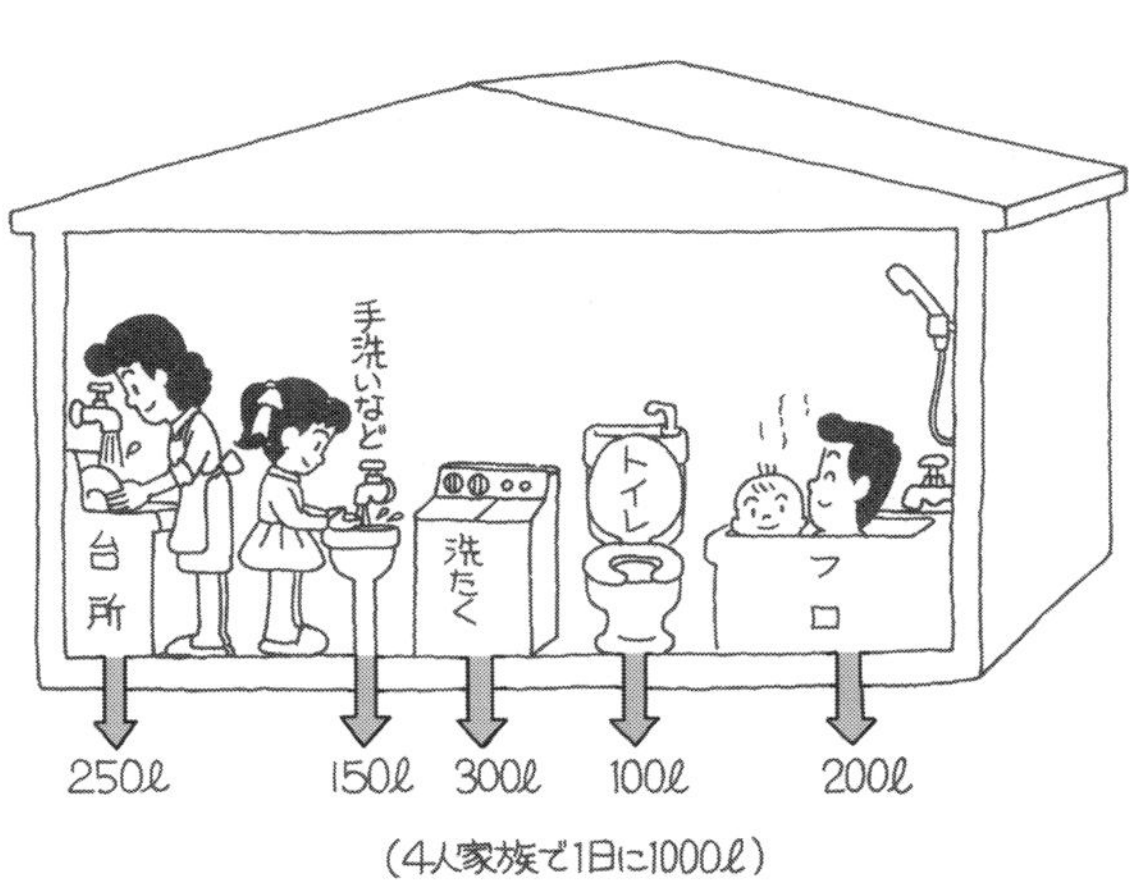

日本では、１人が１日暮すのに、みなさんの家やみなさんが使うお店、病院、学校などから平均３５０リットル、牛乳パック３５０本分の水が使われています。このうち、家で使われるのは、２５０リットルくらいです。４人家族だと、毎日、１０００リットル、牛乳パック１０００本分もの排水を出しているのです。

このうち、トイレ（し尿）の排水は、およそ１００リットルです。洗たくが３００リットル、炊事が２５０リットル、風呂が２００リットル、手や顔などを洗うのが１００リットル、そのほかが50リットルくらいです。

２０２０年度末で、日本の人口の約７・９％、９９０万人くらいの人は、し尿排水以外の雑排水をそのまま川などに流しています。

また、下水道のない開発途上国などでは、生活排水のほとんどが川などに直接流されています。

● 1人が1日に出すBODの量
（国土交通省資料より作成）

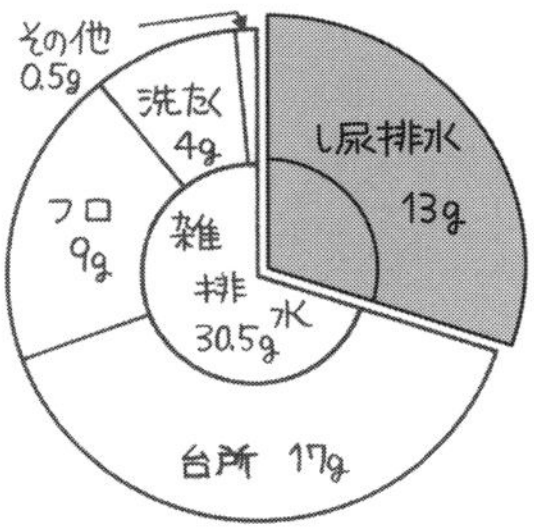

コラム

農薬の種類と使われ方

農薬取締法で、農薬とは「農作物等（樹木および農林産物を含む）を害するカビ、線虫、ダニ、昆虫、ネズミその他の動植物またはウイルスの防除に用いられる殺菌剤、殺虫剤、その他の薬剤、および農作物等の生理機能の増進又は抑制に用いられる成長促進剤、発芽抑制剤、その他の薬剤をいう」とされています。また、病害虫の被害を防ぐために使われる天敵や微生物も生物農薬とされています。

これらの農薬は、作物に対して有害な菌を減らす殺菌剤、カビの発生や増殖を防ぐ防ばい剤、作物に対して有害な虫を殺す殺虫剤、雑草を減らす除草剤、ネズミを殺す殺鼠《さっそ》剤、作物の成長を制御する植物成長調整剤（略称：植調または植物ホルモン剤）などに分けられています。ただし、これらの２つ以上の効果をもった農薬もあります。

また、農薬の有効成分を使いやすい形にしたものを製剤といい、主に形によって、粒剤、粉剤、乳剤、水和剤、水溶剤、油剤、その他に分類されています。

なお、そのほかに、錠剤、くんじょう剤・くん煙剤、エアゾール剤、マイクロカプセル剤、ペースト剤、サイクロデキストリン剤などもあり、それぞれ特徴があります。

農薬の１年間の生産額は、１９７３年ごろから急に増えましたが、１９８５年ごろからほぼ一定となり、２００５年ごろからやや減って、２０２１年には３４５３億円になっています。

この金額は、農作物の生産額に対してかなり大きな割合です。

また、耕地面積あたりの農薬使用量を国別にみると、日本、韓国、中国などのモンスーン気候で、米の生産量が多い国での使用量が多くなっています。

しかし、これらの国でも使用方法をいろいろ工夫することで使用量を減らせることが示されています。

排水はどうやって きれいにしているのか

●細菌が汚れを分解してくれる

排水をきれいにする場所として思いつくのは、下水処理場です。広い地域の排水を集めてきて、汚れを細菌に分解させてきれいにする場所です。最近は排水から窒素やリンを除く方法（高度排水処理といいます）も使われてきています。

アメリカやヨーロッパの多くの国では、ほとんどの人が下水道を使っていますが開発途上国などでは、下水道がないところが多くあります。

日本では、２０２０年度末に下水道を使えるところに住んでいる人は、約80・1％です。また、農業集落排水施設などを使っている人が約2・5％います。このほかに、水洗トイレだけでなく、家庭から出るすべての排水をきれいにする「合併浄化槽《そう》」という装置を使っている人が約9・3％、コミュニティプラントを使っている人が0・1％いて、約7・9％くらいの人は、台所や風呂の雑排水はそのまま流しています。

また、３人家族が下水道を使えるようにするためには、およそ４５０万円もの税金が必要です。

なお、日本の下水道が普及した地域では、トイレや台所、その他からの下水管を3年以内にすべて下水道につなげることが求められています。この下水処理の料金は水道の料金と合わせて支払うことになっていますので、水の使用量を減らすと水道料金と下水道料金の両方が下がります。水のムダ使いをやめましょう。

水道水はどうやってつくるのか

● 水道水のつくり方

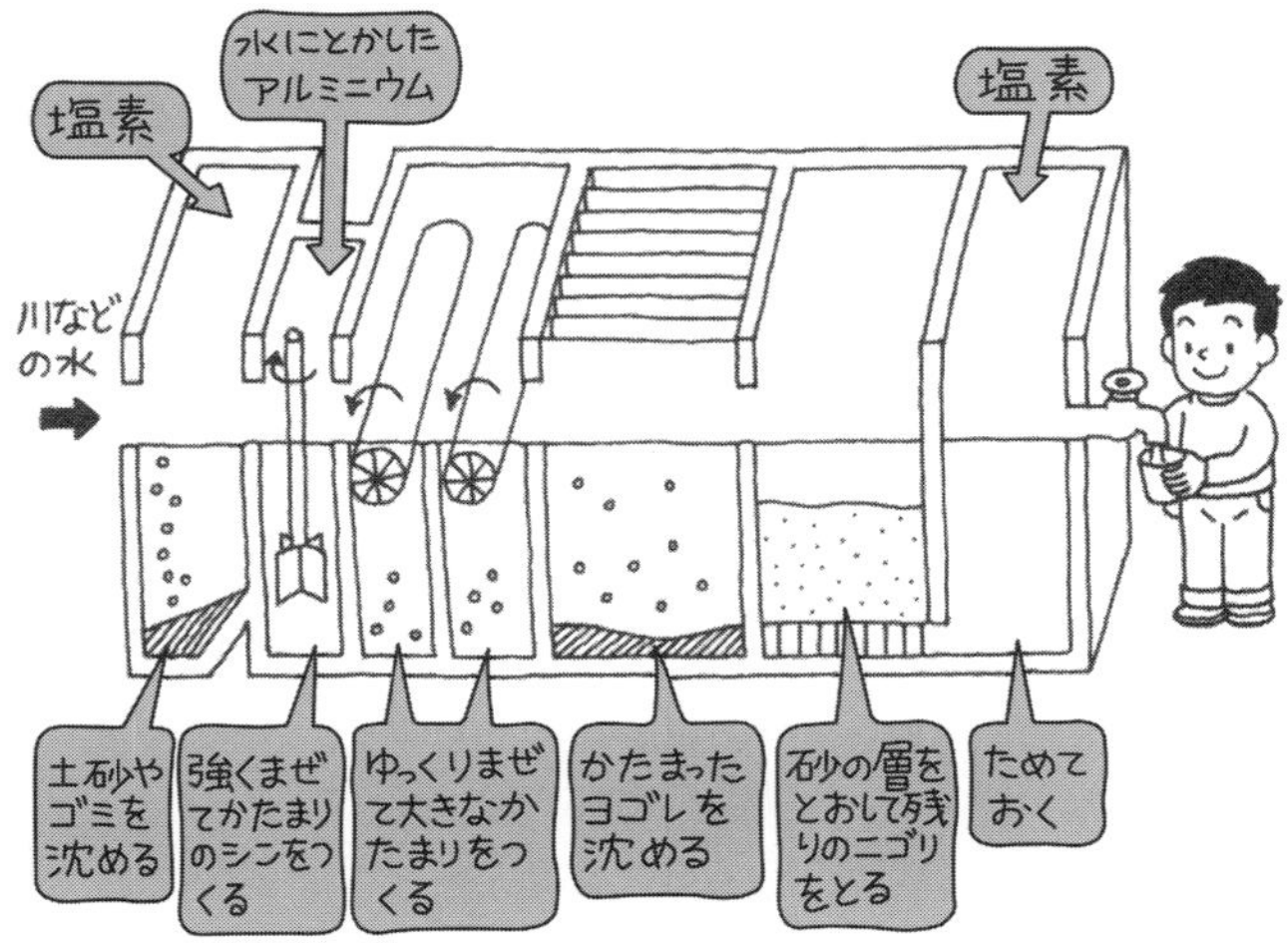

私たちの飲む水道水のもとの水は、川や湖や地下水から取っています。川や湖の水は、まず、木の葉や砂などの大きなゴミを取り、塩素を少し入れてアンモニアなどをなくします。次に、溶かしたアルミニウムか鉄の化合物を入れて、濁りや藻などをフワフワしたかたまりにして、沈めて取ります。それでも取れない少しの濁《にご》りを砂でこして取り、最後にまた、塩素を入れて消毒します。

このような方法では、濁りは取れますが、水に溶けているカビくさいにおいや洗剤や農薬などは十分に取れません。

また、いろいろな汚れと塩素とがくっついて、トリハロメタンというものをはじめ、ガンのもとになるいろいろなものができてしまいます。

そこで、オゾンでにおいを取ったり、活性炭で洗剤や農薬などを取り、塩素にくっつく汚れも減らす方法（高度浄水処理方法といいます）も使われてきています。

なお、浄水場から家庭までの距離が比較的短いヨーロッパでは、塩素で消毒をせずに、オゾンで消毒をしている国が多くあります。

コラム

トリハロメタンってなに

●塩素と反応して有害物質ができる

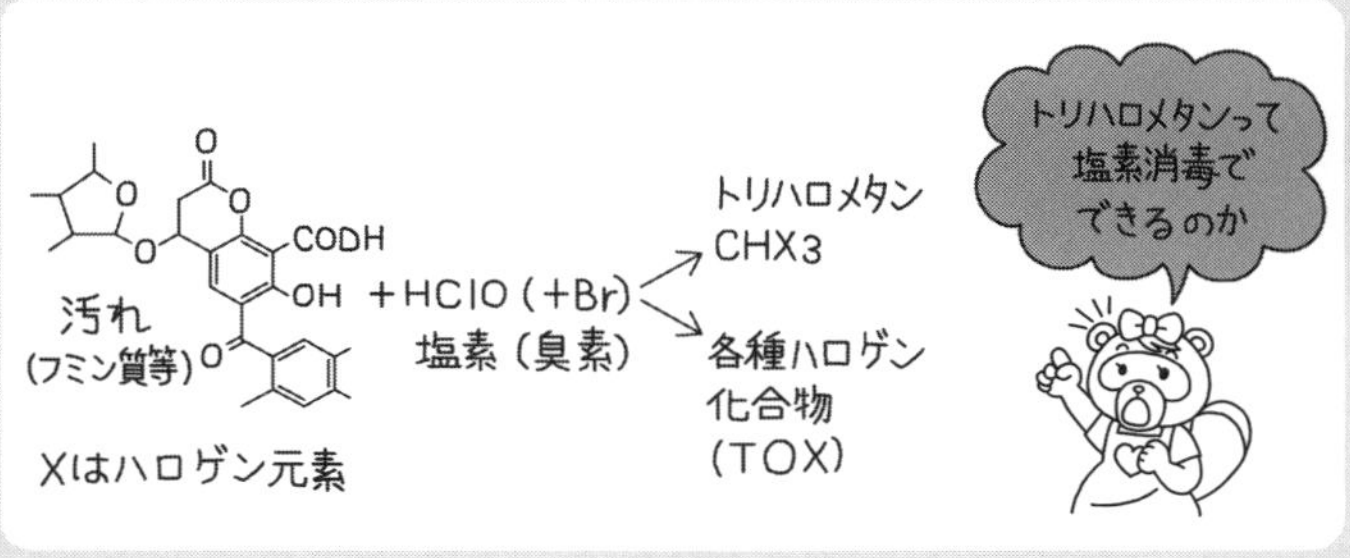

水の中の汚れと消毒用の塩素とが反応してできる発ガン性物質の代表に、トリハロメタンと呼ばれるものがあります。このトリハロメタンというのは、クロロホルムとその仲間です。

日本では、水道水の中のクロロホルムを60ppb以下、トリハロメタンの合計を100ppb以下にすることになっています。

世界保健機関（略称：WHO）は、クロロホルムだけを200ppb以下にするように勧告しています。

これらの基準は、毎日、2リットルの水を一生飲み続けても実質的に安全とみなせる濃度ですから、日本の水道水についてあまり心配する必要はありません。

ただし、水道水の中には、トリハロメタンのほかにも汚れと塩素や臭素などのハロゲンがくっついたもの全部を表す全有機ハロゲン(TOX、トックスといいます)が、トリハロメタンの5倍くらい入っています。

ヨーロッパやカナダでは、このTOXの濃度で水道水の安全性を評価し、管理しています。

著者らは、水道水の安全性をみる方法として、TOX濃度および、ガンや奇形のもとになる突然変異を起こす程度を特別な細菌で調べる方法を使うことも勧めていますが、実現していません。

湖や海が肥満になっている

● 湖や海の肥満病

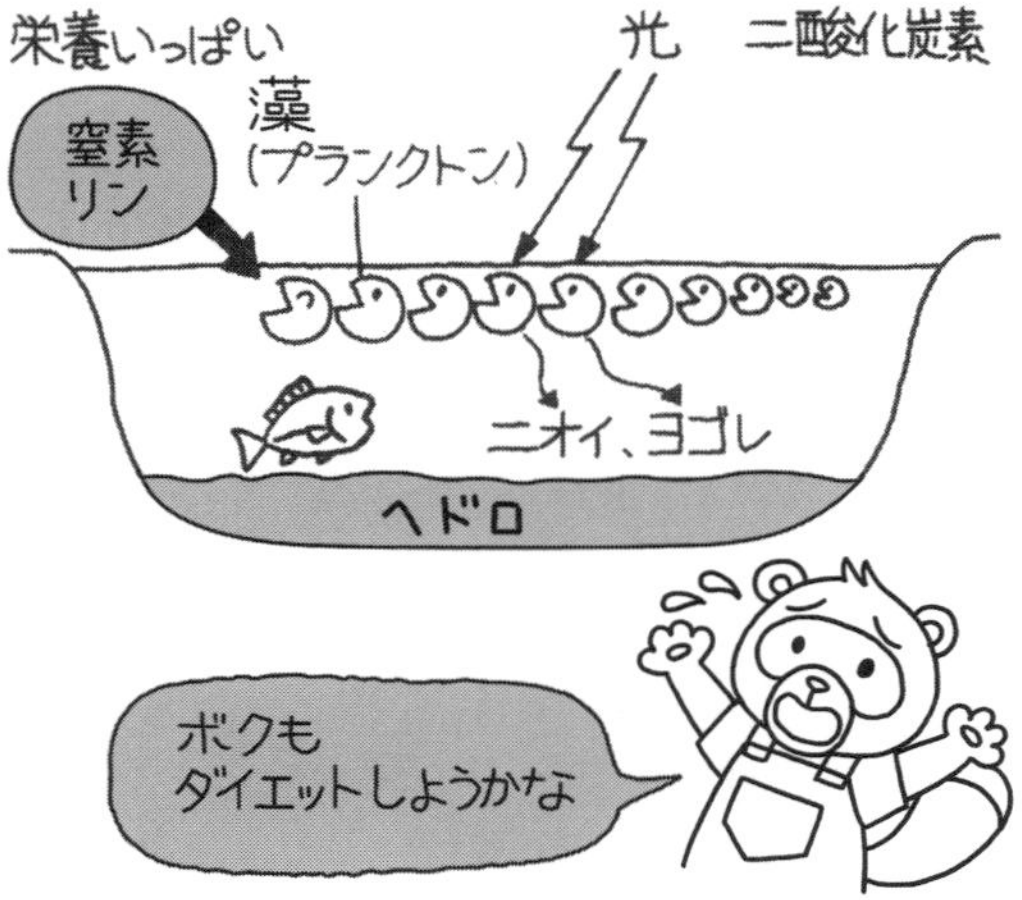

湖や海には藻が生えます。湖や海にアオコやアカシオといった藻の大群が発生して、飲み水がくさくなったり、魚が死んだりすることがあります。

藻は、光と二酸化炭素と水の中の窒素やリンなどを利用して増えるので、窒素やリンが少ないきれいな湖や海では、あまり増えません。

窒素やリンなどの栄養分がたくさん湖や海に流れこむと肥満になります。すると、太陽の光が強くなる夏に、ダムや湖で、アオコと呼ばれるアオノリのような藻が増え、水道水をくさくしたり、消毒用の塩素とくっついてガンのもとになるものを増やしたりします。

また、海では、アカシオと呼ばれる鉄サビのような色をした藻が増え、魚を死なせることがあります。

このため、日本では、排水の窒素やリンの濃度が規制されました。しかし、最近は、湖や海がやせすぎて、魚や海藻のとれる量が減ってしまったという意見もあります。窒素やリンは毒でないので、ある程度は排出することが必要な地域もあります。

コラム

窒素の地球上でのサイクル

●窒素の地球上でのサイクル

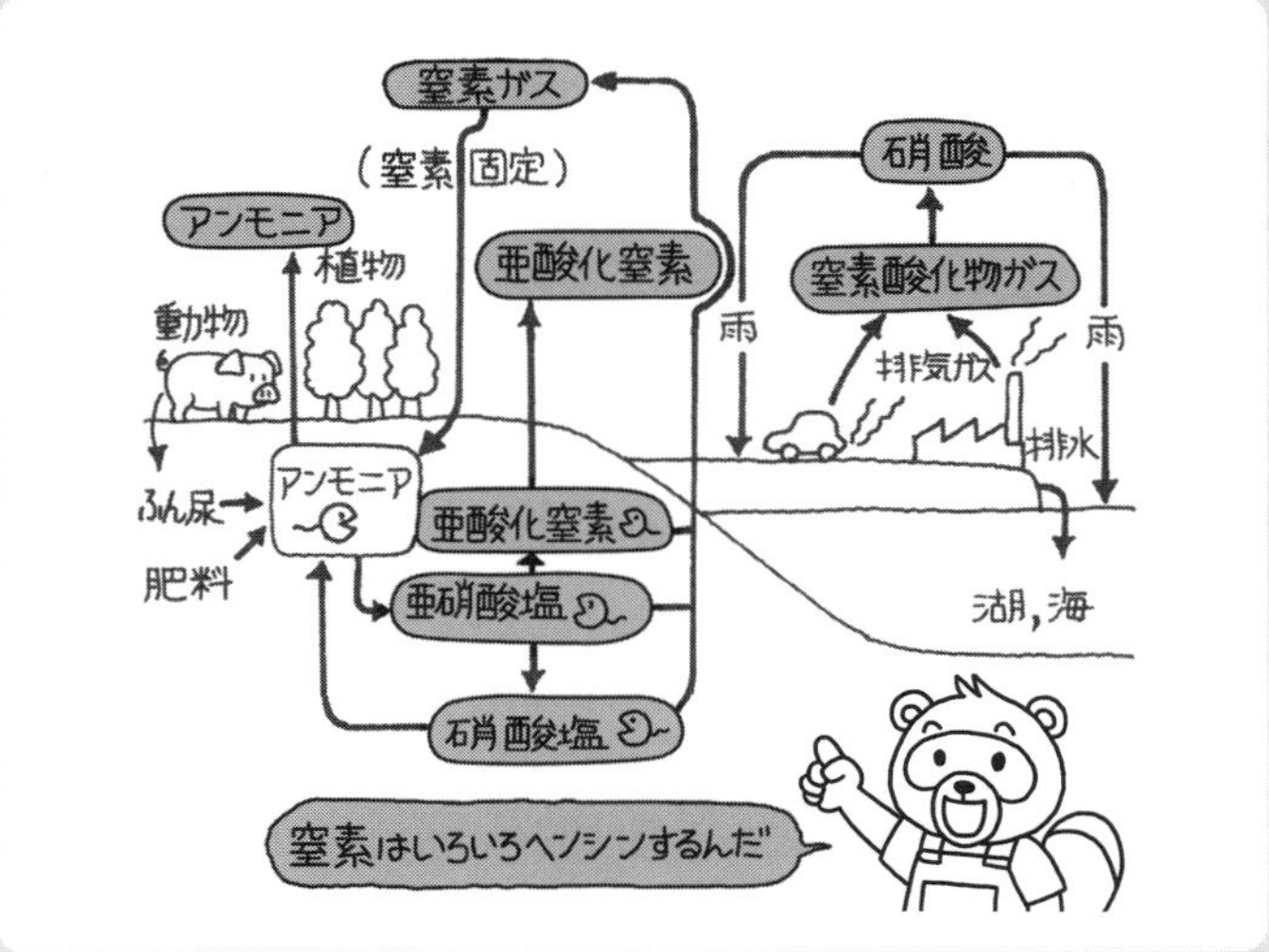

すべての生き物の体は、主にタンパク質からできています。このタンパク質は、アミノ酸というものからできていて、このアミノ酸は窒素と炭素や酸素や水素などからできています。だから、窒素はすべての生き物になくてはならないものです。

アンモニアや尿素の形の化学肥料、あるいはタンパク質を田畑に窒素肥料としてまくのもこのためです。まかれた窒素は植物に吸収されるほか、細菌によって亜酸化窒素、亜硝《しょう》酸、硝酸などになり、さらに別の細菌によって、窒素ガスになり空気に入ります。

また、空気中にある約79％の窒素ガスの一部は、細菌によってアンモニアなどになり（窒素固定といいます）、植物に取り入れられて植物を育てます。

この植物は、人間やそのほかの動物に食べられて分解されたり、枯れて土の中の細菌によって分解されて空気中に戻ります。

こうやって、窒素は、いろいろと変身しながら地球をまわっているのです。

コラム

リンの地球上でのサイクル

●リンの地球上でのサイクル

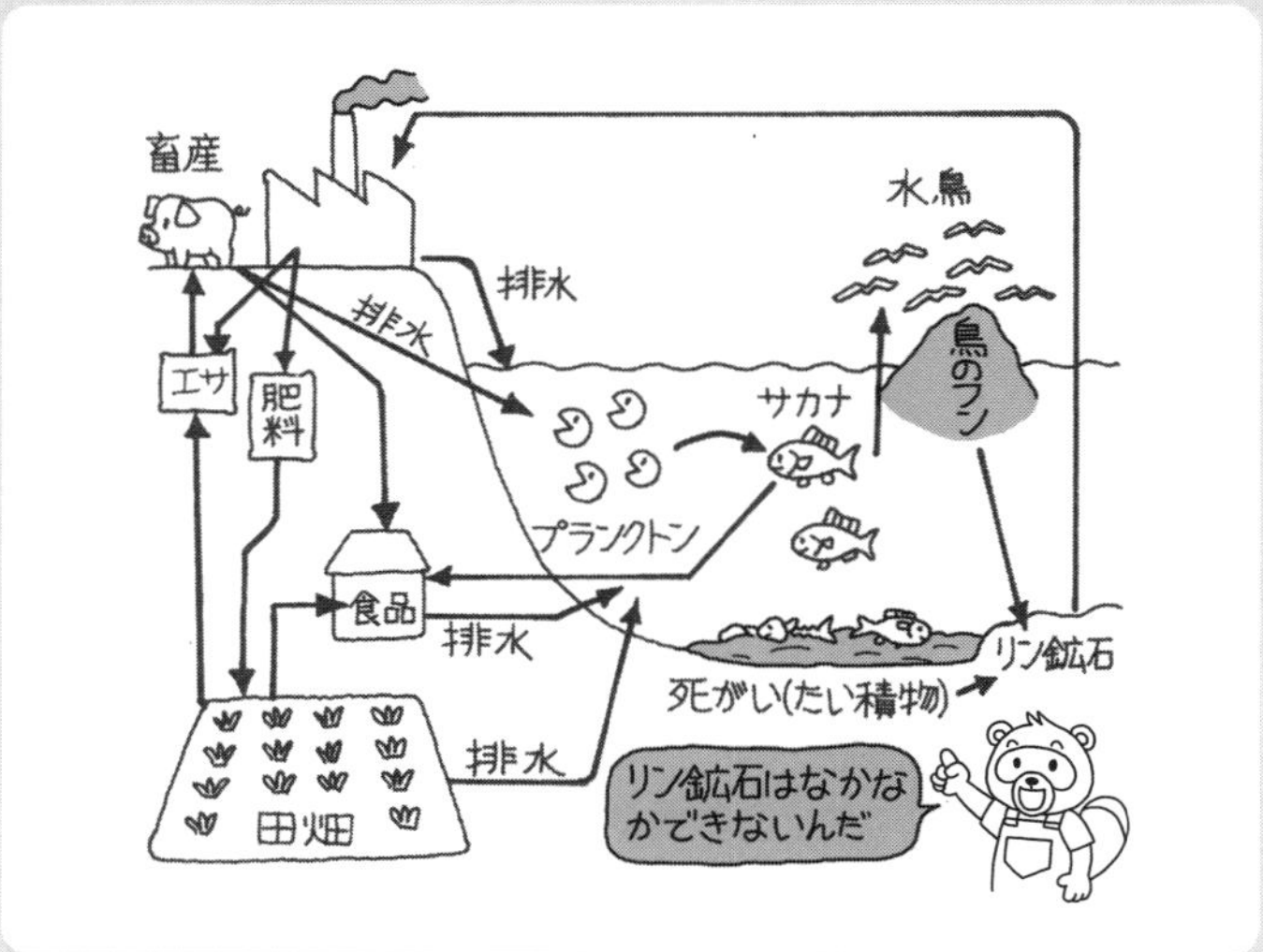

リンは、動物の骨やすべての生き物の遺伝子などに入っている大切なものです。だから作物をつくる田畑にリン肥料をまくのです。

リンは、食べ物のカスとして捨てられたり、フンとしてトイレに流され、最終的に海へと流れていきます。

海の中のリンは、まず小さな生き物のプランクトンに利用されます。そのプランクトンは魚に食べられ、魚は水鳥の群れに食べられます。プランクトンが死んで固まったり、水鳥の群れが無人島などにフンをするとリン分が固まり、リン鉱石ができます。人間は、このリン鉱石をとってきて、リン肥料をつくり、田畑にまいて農作物をつくって食べています。

このように、リンは地球をまわっているのです。

しかし、私たちは、リンを大量に使って川や海に流し、自然のサイクルを崩しています。

これからは、農作物の収穫を増やしたり、植林をするために、リン肥料が今まで以上に必要になりますので、排水の中のリンを上手に回収して使うことも真剣に考える必要があります。

ほんのわずかな毒でも体に溜まるとこわい

● 食物連鎖によるPCBの濃縮倍率
（立川涼　愛媛大学名誉教授らのデータより）

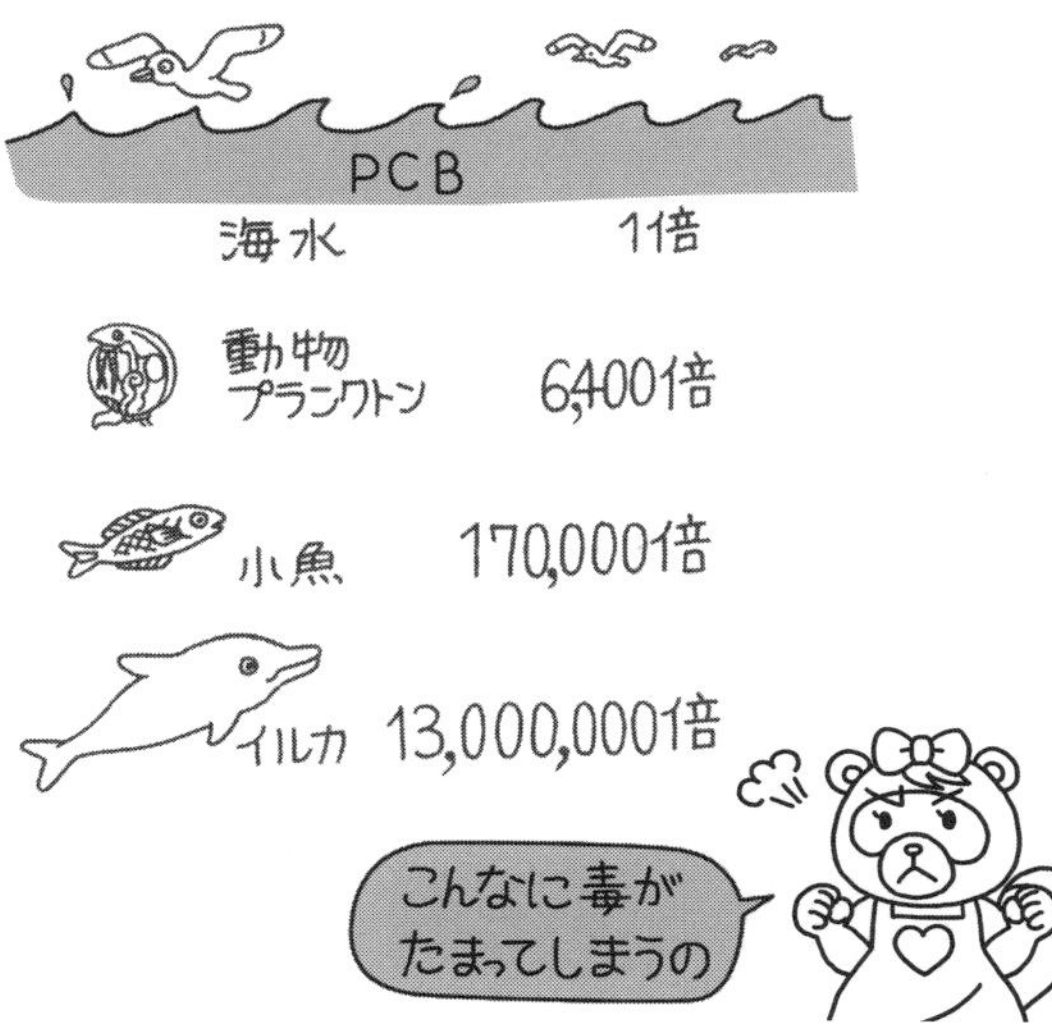

川や湖や海には、ゴミが捨てられたり、工場の排水が流れこんだり、農薬が入ってきます。

また、石油を運ぶタンカーの事故や化学工場の事故などで、石油やいろいろな薬品が流れこんだりもします。日本の２０２０年の海洋汚染事故の件数は、４５３件で、２０１９年より21件増えました。油による汚染が２８６件、廃棄物による汚染が１５８件もありました。

なお、１９５６年ごろから熊本県で、水銀が入っていた工場排水で汚された海の魚を食べた人が、目がよく見えなくなったり、神経がおかしくなったり、死んだりしました。これは、水俣《みなまた》病といわれ、海に流された水銀によるひどい被害です。新潟県でも同じような被害がありました。

アメリカでは、１９６０年代に、上図のように生物の体に濃縮して溜まりやすいＰＣＢや農薬によって、五大湖などの水鳥が病気になったり、たまごからヒナがかえらなくなったり、奇形のヒナが生まれて大きな問題になりました。

また、１９８８年ごろから現在まで、たびたび、数多くのアザラシなどが死んで海岸に打ち上げられているのが見つかっています。このアザラシなどは、海に捨てられた排水やゴミの中のＰＣＢなどで免疫力が弱って、伝染病にかかりやすくなっているといわれています。

　また、南極のシロクマやペンギンの体の中にもＰＣＢやクロルデンやダイオキシン類などのいろいろな毒がたまっていることがわかり、心配されています。

　ＰＣＢというのは、電信柱の上にのっているトランス（変圧器）やテレビなどの電気製品の部品などにたくさん使われていたものです。日本では、１９６８年に、事故でてんぷら油の中にＰＣＢが入ってしまい、１５００人以上の人が病気になったため、１９７２年からＰＣＢを新しく使わないようになっています。でも、ＰＣＢを含んだ製品が使われ続けていることもあり、また世界では、まだ使われています。

　クロルデンというのは、家に白アリがつかないようにするために使われていた殺虫剤です。これも日本では１９８７年から使わないようにされましたが、床下に残っていたり、また、世界ではまだ使われています。

　とくに、アザラシやイルカのように、きれいな海で生きてきた動物は、人のつくったＰＣＢなどの毒を体の中で分解する能力があまりないので、ＰＣＢなどが体にたまりやすいことがわかってきました。

　例えば、イルカのお母さんにＰＣＢやダイオキシン類がたまってきます。このお母さんイルカが、赤ちゃんイルカに乳をあげると、たまったＰＣＢなどのほとんどが、乳と一緒に赤ちゃんイルカの小さな体に入ります。そして、イルカの赤ちゃんが病気になったり、死んだりしやすくなります。

　また、プラスチック廃棄物が増えて大きな魚やイルカのおなかから、ビニール袋や発泡スチロールが出てきたりする例も報告されています。

　なお、福島の原子力発電所の事故で排出された放射性物質による海洋汚染の影響も心配されています。

　天然のものは、光や細菌などによって分解されて、害のない形になって自然に戻ります。でも、人がつくったフロンやＰＣＢやプラスチックは、なかなか分解されませんし、放射性物質もすぐにはなくなりません。このため、湖や海、そして生き物にたまったりします。

コラム

水保《みなまた》病は終わったのか

● メチル水銀が魚にたまっていく

水保病というのは、１９５０年代に熊本県水保市の化学工場から出されたメチル水銀という毒が魚にたまって起きた公害です。魚を食べた人が、狭い範囲しか見えなくなったり、手足がマヒしてねたきりになったり、死んだりしました。また、お母さんのおなかの中の赤ちゃんや生まれてすぐの赤ちゃんが死んだり、手足が不自由で生まれたりしました。

２０１０年になってようやく、「水保病被害者の救済及び水保問題の解決に関する特別措置法」という法律ができました。これによって、水保病と国が認めた人が２９９６人、すでに死んだ人が２４９５人もいます。

また、２０１０年の法律施行後も、生活保護費と補償金との関係や国が認めていない患者の問題、新潟県の第二水保病や海外での水保病など、水保病問題は、発生してから65年たっても、まだ完全には解決していないのです。

海はきれいになってきたのか

●海に流される毒

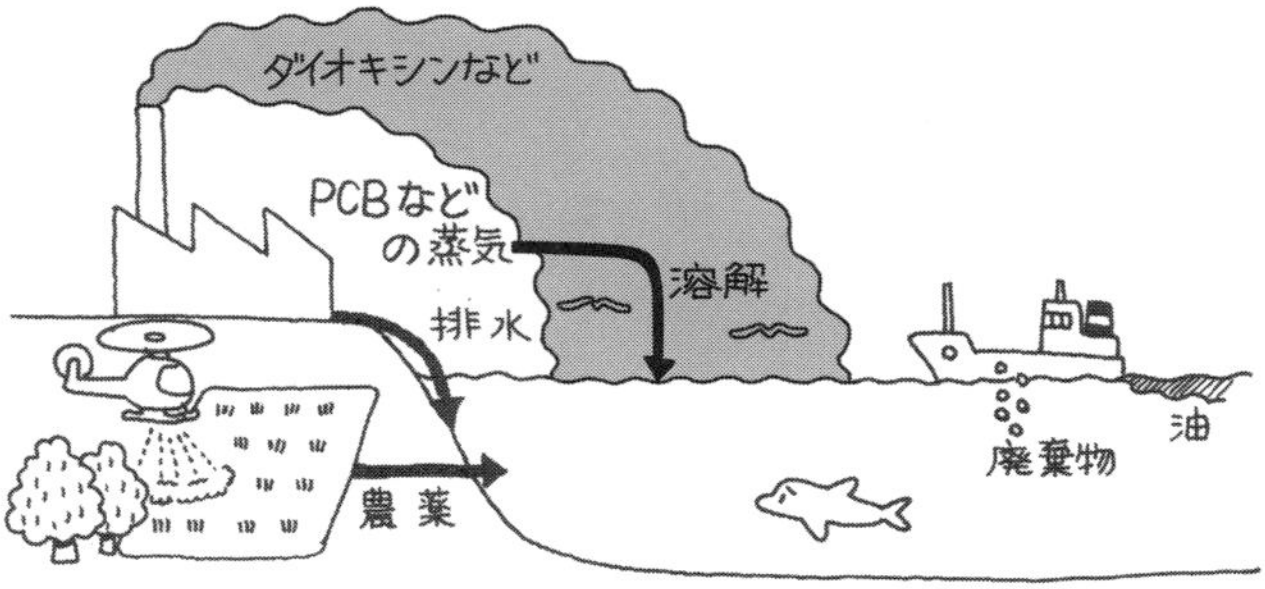

海は、油や化学物質を運ぶタンカーの事故、および陸からの有害なものやゴミなどが入って汚染されます。

とくに中国では、人口の増加と工業化が進んでいるのに排水やゴミの規制が十分に守られないこと、韓国でも、ゴミの不法投棄《ふほうとうき》が多いこと、北ヨーロッパでは、西ヨーロッパからのゴミの投棄が多いことなどによって、周辺の海洋汚染がひどくなっています。

また、プラスチックによる海洋汚染も深刻な状態になっています。１年に４８０～１２７０万トンものプラスチックが海洋に流出しているとされています。例えば、中国から１３２～３５３万トン、インドネシアから48～１２９万トン、フィリピンから28～75万トンが流出しているとの報告があります。

日本周辺でも、廃棄物の投棄や、油や化学物質の流出事故による海洋汚染があります。

なお、日本は、海面清掃船で流出した油や化学物質、プラスチック類、漂流物などを除去したりしています。

また、全長１００キロメートルの柵《さく》で海のゴミを回収する計画等が始められています。

世界はどう取り組んでいるのか

ヨーロッパのライン川の水は、スイス、フランス、ドイツ、オランダ、ルクセンブルクで水道水として使われています。このため、１９７６年に、これらの国で、ライン川化学物質汚染防止条約とライン川塩化物汚染条約を決めました。また、１９８６年に、スイスの化学工場の事故で、水銀や農薬などが大量にライン川に流れこみ、大きな被害が出たため、条約の見直しがされました。また、カナダとアメリカ、アメリカとメキシコなども両方の国を流れる川の汚れを防ぐ約束をしています。

２００１年に、残留性有機汚染物質（略称：ＰＯＰｓ）に関するストックホルム条約が採択され、２００４年に発効し、残留性のＰＣＢや塩素系農薬類などの規制が行われることになりました。

ただし、ＰＣＢを使った機器は使われ続けていますし、開発途上国では規制されていません。

このようなＰＣＢなどのＰＯＰｓの規制あるいは川や湖や沼を守る活動のほかに、世界保健機関（ＷＨＯ）が、飲み水の中の有害なものについて、許される濃度を決め、世界の水道水について、指定濃度以下にするように勧告しています。

前に書いたように、アメリカやヨーロッパの一部では、オゾンや活性炭を使って、洗剤や農薬などが入ってきても、きれいな水道水をつくれる方法が使われています。

また、飲み水の安全性を調べる方法として全有機ハロゲン（ＴＯＸ）濃度なども使われています。

工場排水については、特別に決められたものの濃度や人に対する害だけではなく、よくわからないものも、藻やミジンコや魚に対する毒性を調べて規制する方法が一部で採用されています。

また、ＷＨＯが飲み水について勧告しているたくさんの有害なものの濃度をすべて測るのは大変ですし、いくつかのものが合わさったときの害（複合汚染といいます）についての不安もあります。

このため、排水も水道水も、細菌を使った突然変異を起こす程度の試験（変異原性試験）、あるいはミジンコや魚などの生き物で毒性を試験する方法も利用されてきています。

著者らもこれらの方法の日本での利用を推奨しています。

また、多くの国で、湖や沼の肥満（富栄養化）や農薬などによる汚染が大きな問題となっているため、窒素やリンや毒物を排水から取り除く方法を採用したり、正しく農薬を使う方法を指導したりしています。

このほかに、いくつかの国で農薬をヘリコプターで空からまくことを制限したり、排水の中の毒性のものをとくに厳しく監視したりしています。

さらに、１９８４年には、湖や沼を守る方法を話し合うための世界湖沼《こしょう》会議（略称：ＩＬＥＣ）が滋賀県で開かれ、その後２０２１年までに18回の会議が開催されています。

海の汚れについては、国際海事機関（略称：ＩＭＯ）が早くから取り組み、１９５４年には、石油による海の汚染を防ぐための国際条約が決められました。

１９７２年には、海に廃棄物などを捨てたり、海の上で廃棄物を燃やすことを取り締まるロンドン・ダンピング条約が決められました。

それから、バルト海や地中海などの地域ごとに汚染を防ぐ条約が次々と決められました。

また、１９８２年には、国連が海洋法に関する国際連合条約を決め、１９９４年に発効し、２０２２年現在、１６８の国や地域とＥＵが批准《ひじゅん》しています。

また、政府間海洋学委員会（略称：ＩＯＣ）が、海の汚れの世界的な調査を進め、国連環境計画（略称：ＵＮＥＰ）でも海を守る計画を進めています。

地球にやさしく暮そう

川や湖沼や海をきれいにするためには、まず、次のようにして、排水の汚れを減らしましょう。

43 自分の身の周りにＰＣＢがないか調べ、あれば都道府県に届け出る。

44 ＰＣＢがどこで使われていたのか調べてみる。

45 高濃度のＰＣＢ廃棄物と低濃度のＰＣＢ廃棄物がどのように処理されているのか調べてみる。

46 なるべく無農薬か低農薬の野菜や果物を食べる。

47 農薬の種類や用途を調べてみる。

48 家にある殺虫剤、防虫剤、殺菌剤、カビ取り剤などの薬品を調べて、なるべく使わない。

49 家庭菜園用や家庭園芸用の殺虫剤、殺菌剤、除草剤などの成分と毒性を調べてみる。

（47～49については、著者らが代表と幹事をしているエコケミストリー研究会のＰＲＴＲについてのホームページでも調べられます）

50 地域の農家が使っている農薬について、その毒性を確認してみる。

51 自分の家の排水が下水処理場へ流れている場合には、どこの下水処理場へ流れているか調べてみる。

52 下水処理場へ流れている場合には、雨水はどう処理されているかを調べてみる。

53 下水処理場へ流れている場合には、窒素やリンはどう処理されているか調べてみる。

54 浄化槽を使っている場合には、処理水がどこに流れているか調べてみる。

55 汲《く》み取り便所や単独浄化槽を使っている場合には、できるだけ合併浄化槽に変える。

56 下水道のないところで、家をつくるときには、補助金をもらって合併浄化槽をつける。

57 下水道のないところでは、洗たくに分解しにくいＬＡＳやＡＥＳ、ＡＥでなく、ＡＯＳ、ＡＳなどの界面活性剤を使った合成洗剤や粉石けんを使う。

58 川、湖沼、海にゴミを捨てない。

59 水切りぶくろや古ストッキングを使って、細かい台所クズも下水に流さないようにする。

60 お米のとぎ汁や麺のゆで汁などは、できるだけ庭やプランターにまく。

61 みそ汁などをつくりすぎない。残ったら保存しておいてあとで食べる。

62 揚げ物などで油を使いすぎない。残ったら、炒め物などに利用して、なるべく使いきる。

63 できるだけシャンプーや洗たくの回数を減らす。

64 浴槽の水を洗たくなどに再利用する。

65 歯みがきやシャンプーのときに水を流しっぱなしにしない。

66 洗たくのすすぎに使用する水量を減らす。

67 近くの川に遊びにいって、水質を調べてみる。

68 自分の家の水道水がどこの水源からどうやってつくられているのかを調べてみる。

69 水道水がくさかったり、濁っていたり、いつもと味が違っていたら水道局にきいてみる。

Part 6

土や地下水の汚れはなくなってきたのか

地下水を利用した水道がたくさんあります。
日本中にある土や地下水の汚れたところは
どうなっているのでしょうか。
ふだん考えない土や地下水のことも
考えてみましょう。

土や地下水が汚れているところが多い

世界の人の４分の１が地下水（井戸水）を飲んでいます。

しかし、世界中の鉱山や金属精錬所の近くでは、金属によって土や地下水が汚染されています。そのほかのところでも、井戸水が、ガンのもとになるような化学物質で汚されていることがあります。それらを飲んだ人の健康が心配されています。

日本でも、カドミウム、銅、クロムなどで土が汚されたところがいくつもありました。鉱山や金属精錬所以外でも、東京で、６価クロムという毒の金属が入ったゴミを埋めたため、井戸水が使えなくなったところがありました。

また、中国やタイなどの発展途上国や日本のたくさんの井戸が、テトラクロロエチレンとかトリクロロエチレンやトリクロロエタンなどの塩素がついた化学物質で汚されていることがわかりました。発展途上国や日本の土と地下水が、知らない間に広く汚されていたのです。

日本では、全国の土の汚染を調査した結果、およそ１０００ヶ所が汚染されていました。このうち、国に届出されて浄化された場所もありますが、現在でも約７６０ヶ所が汚染されたままといわれています。

とくに、詳しい調査や浄化に土地の価格以上の費用がかかる場所などでは、詳しい調査をせずに放置されています（塩づけの土地といわれています）。

テトラクロロエチレンやトリクロロエチレンなどは、ガンのもとになる疑いがあるものです。飲み水にはそれぞれ、30ｐｐｂと１００ｐｐｂ（１ｐｐｂは１リットル中に１０００分の１ミリグラム）までしか入っていてはいけないことになっていましたが、２０１５年にトリクロロエチレンの基準が10ｐｐｂに下げられました。

なお、最近は、アメリカやドイツで新しい燃料等として注目されているシェールガスをとるときに、地下や海底に注入される化学物質による汚染も問題になっています。

多くの人が地下水を利用している

● 地下水が多く利用されている

日本では、公営の上水道が普及し、大部分の人が上水道の水を飲料水にしています。この上水道の２０１９年度の水源は、ダムによってできた湖沼水が約47・9％、天然の湖沼水が1・4％、河川水が25・4％で、地下水が19・1％となっています。

また、工業用水の27・3％、農業用水の５・４％程度を地下水でまかなっています。

ヨーロッパやアメリカでは上水の供給の大部分を民間企業が行っています。

また、河川は滞留時間が非常に長く、他国を通って流れてくることもあるために、河川水等を飲料水にするには様々な問題があります。

このため、ボトル入りの飲料用水が販売されている国が多くあります。

なお、開発途上国では上水道が普及していないところが多いため、小さな井戸の水（地下水）を利用しているところも多くあります。

地下水が日本でも世界でも非常に重要な役割を担っています。

土や地下水が汚れた原因はなにか

●テトラクロロエチレンとその仲間の有害性

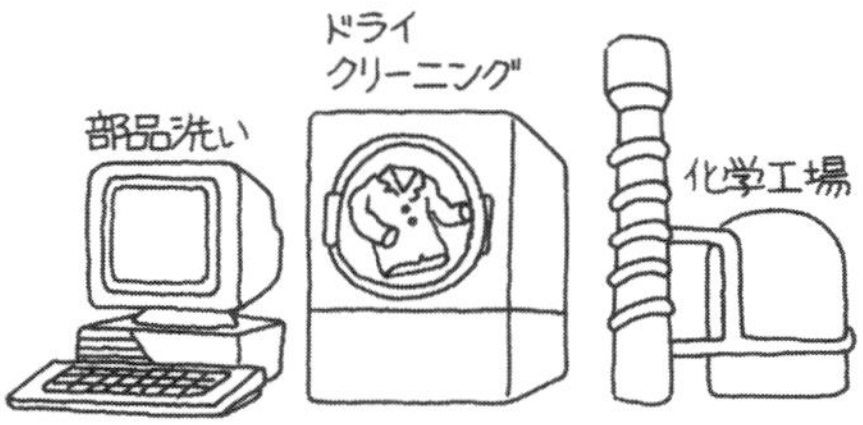

環境への影響	温暖化	オゾン層	ガン
ジクロロメタン	△	△	○
トリクロロエチレン	△	△	○
テトラクロロエチレン	△	△	○
トリクロロエタン	○	○	×

○影響あり　△影響少しあり　×影響なし

トリクロロエチレンやトリクロロエタン、ジクロロメタンは、コンピューターなどの電気製品およびロボットなどの精密機械をつくっている工場、あるいはその下請け工場などで部品を洗うのに使われていた液です。

また、テトラクロロエチレンは、ドライクリーニングで汚れを取るのに使われていました。

これらは、フロンやPCBやダイオキシン類などと同じ、塩素のついた化学物質で、自然の中では分解しにくいものです。だから、一度汚された土や地下水は、放っておけば、何十年も汚れたままになってしまいます。

トリクロロエチレンやテトラクロロエチレンなどは、動物がガンになる原因にもなります。

トリクロロエタンは、地球の温暖化やオゾン層を壊す原因になります。また、土や水の中で、毒性が強いジクロロエチレンというものに変わっていくことがわかっています。

コラム

塩素とその使い道

●塩素の様々な使い道

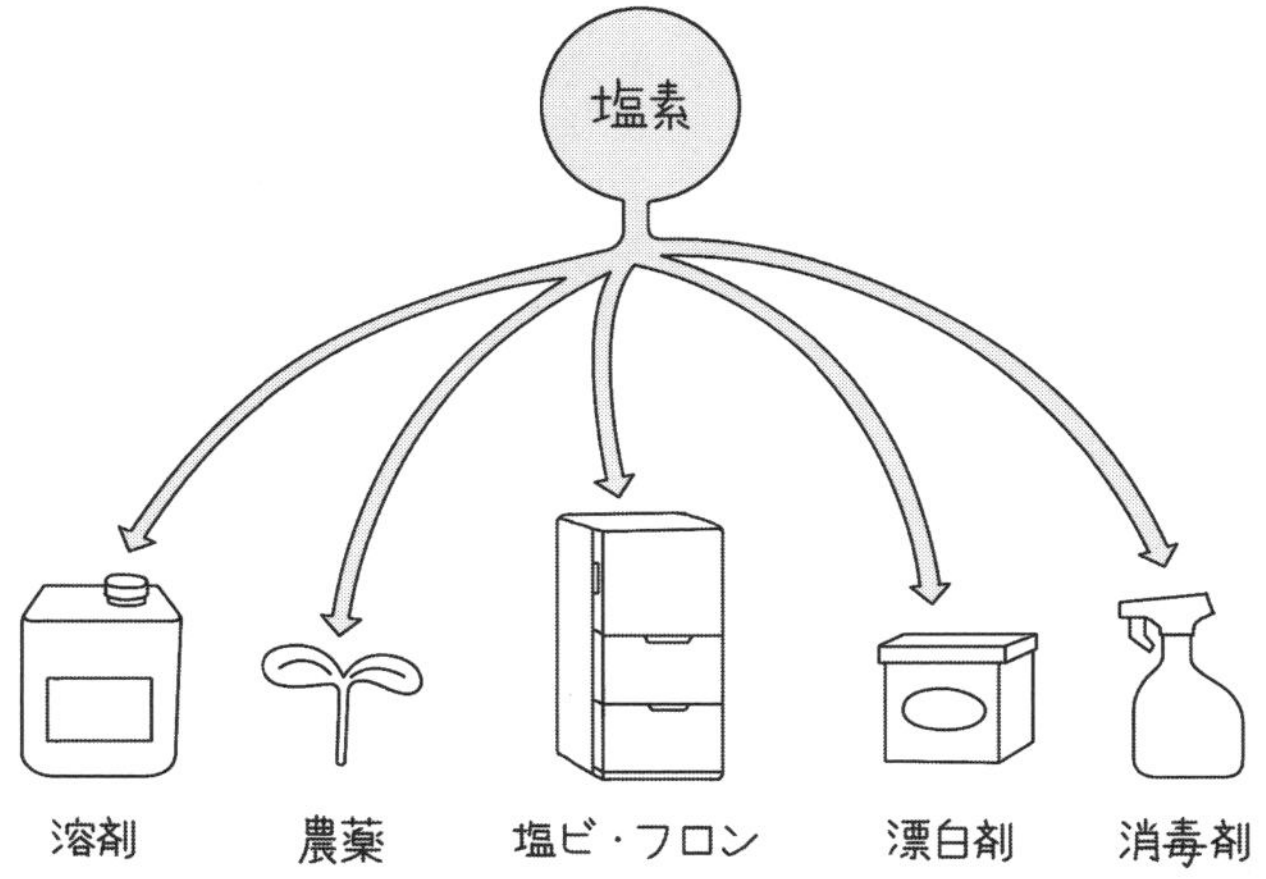

塩素のついたものには、いろいろな良い性質もありますが、環境や生き物に悪い影響があるものもたくさんあります。

塩素は、食塩（塩化ナトリウム）の中にも入っていて、いつも食べています。このような、毒性の低い食塩を水に溶かして電気分解してカセイソーダ（水酸化ナトリウム）という、工業でなくてはならない薬品をつくります。例えば、石けんをつくるときにもカセイソーダが使われています。

カセイソーダをつくるときに、一緒に毒性が高い塩素ガスが出ます。

この塩素ガスは、毒ガスにもされましたが、なんとか上手に使う工夫によって、水道水の消毒や紙などの漂白に使われたり、プラスチックの塩化ビニル（塩ビ）やフロンや農薬、あるいは溶剤や洗浄剤に使われるテトラクロロエチレンやトリクロロエチレンとその仲間たちの原料に使われるようになったのです。

土の中身と役割

● 豊かな森の土の中の生物数
（横浜国立大学　青木淳一名誉教授より提供）

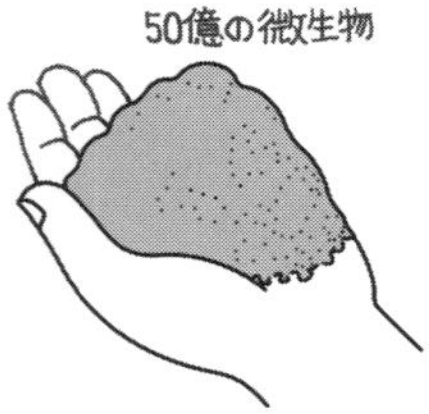

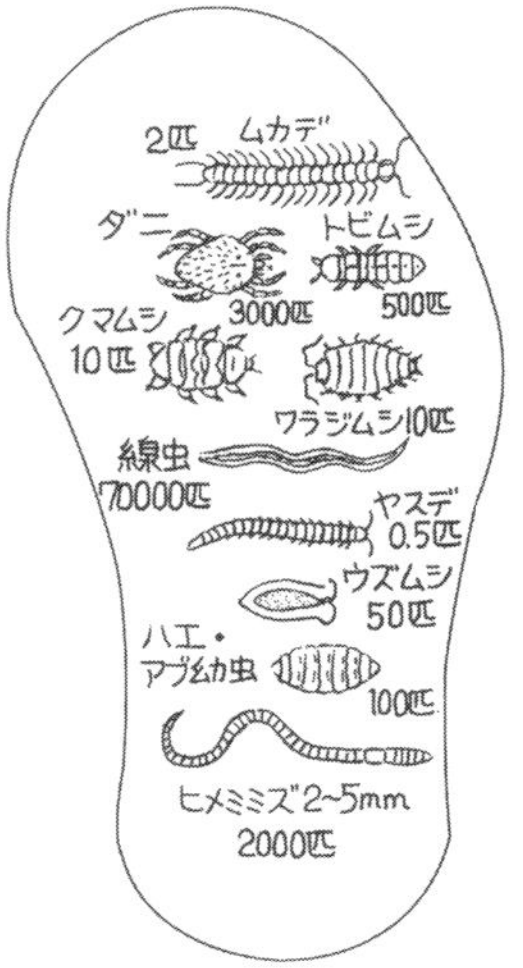

土は、主として粘土などの鉱物からできていますが、地表に近い土の中には、数えきれないほどの細菌や虫がいて、木や農作物を育て、木の葉や動物の死がいやゴミなどを分解してくれています。

例えば、森の片手一杯の土にはおよそ50億もの細菌などがいますし、片足の下にはおよそ7万匹の線虫、およそ３０００匹のダニ類、およそ２０００匹のヒメミミズ、およそ１００匹のハエやアブの幼虫などがいます。

また、世界中では、地下水を飲んでいる人がまだたくさんいます。日本でも、およそ19％の人は、地下水を飲んでいます。また、工業用水の約27％、農業用水の約５・４％を地下水でまかなっています。

土は地下水の汚れを取ってくれる重要な役割を果たしているのです。水も土もいのちのもとといえるでしょう。

コラム

土や地下水の汚れを調べてみよう

●土の汚染を調べる

重金属や農薬、ダイオキシン、トリクロロエチレンなどの細菌で分解しにくいものがたくさん土の中に捨てられると、分解しきれず、地下水が汚されてしまいます

土や地下水や排水のトリクロロエチレンなどの揮発《きはつ》性物質による汚れの程度を知るのには検知管が便利です。

検知管というのは、細いガラス管の中に、薬品をつけた粒が入っているものです。

土の調査では、太さ2センチメートルくらいの鉄の棒（ボーリングバーといいます）などを地面にさして穴をあけます。その中に検知管を入れて、土の中のガスを注射器のようなポンプでひっぱって、ガスを検知管の中に入れます。すると、色が変わって、その色の長さで土の汚れの程度がわかります。

地下水や排水も、ビンに半分くらい水を入れてフタを閉め、よく振ってから、上部の空気中のガスを検知管で測れば、汚れの程度がわかります。

汚れた土や地下水をもとに戻せるのか

● 土や地下水をきれいにする方法

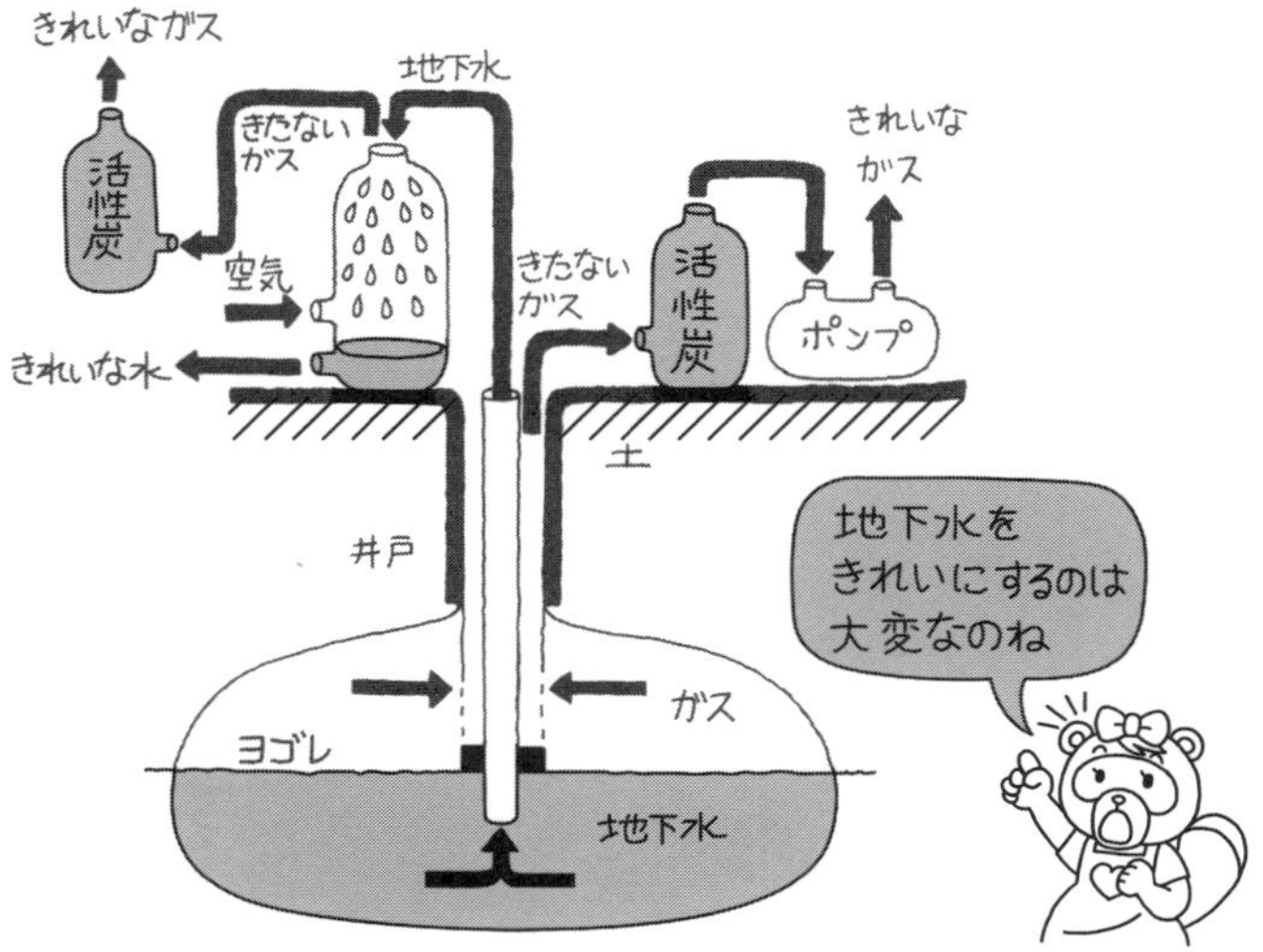

金属類は比較的浅いところまでしか汚染しないので、地下水に入ることは少ないですが、汚染された地下水を利用する場合には、イオン交換樹脂やキレート樹脂というもので金属類を取ります。

金属類で汚染された土は、掘り出して、溶け出さないように固めて埋立地に入れるのがふつうです。

また、油や農薬で汚染された土は、焼いて処理する方法などが行われています。

一方、トリクロロエチレンなどの揮発性物質で汚染された土は、汚染の中心と汚染の広がりを調査してから、土の中のガスを吸引して、汚染物の蒸気を活性炭で除去したりしています。しかし、この方法では完全に浄化することは難しいので、途中でやめざるを得ません。

また、これらで汚染された地下水は、空気を吹き込んで、大気中に追い出すか、汲み出して活性炭で吸着除去しますが、この場合にも、完全に浄化するのは難しいです。

地下水が川や海に早く流れ出れば、うすめられたり、空気中に出されますが、流れ出にくい場所の地下水の汚染をもとに戻すのはとても大変です。

世界はどう取り組んでいるのか

アメリカのラブキャナルというところでの土と地下水の汚染、中国の長江デルタ地帯や珠江デルタ東北旧工業団地周辺での土壌汚染など、世界中で土や地下水が汚染された例がたくさんあります。

アメリカでは、およそ50万ヶ所で土や地下水の汚染が見つかっています。このため、通称スーパーファンド法という法律をもとに、多くの関連企業が、浄化のためのお金を出して基金をつくりました。

しかし、この基金も裁判に多く使われてしまい、実際の浄化にあまり使われず、浄化が進まなくなってしまいました。

このため、石油や42種類の化学物質を使うときに税金を取り、これを基金として土や地下水をきれいにすることにしました。

また、ドイツでは、水管理法という法律で地下水汚染対策を行っています。

中国では、２００５～２０１３年に、全国の約６３０万平方キロメートルの土の汚染を調査しました。

これによると、調査地点のうち、重度の汚染が１・１％、中度の汚染が１・５％、軽度の汚染が２・３％、軽微な汚染が11・2％あったとされています。

また、カドミウム、水銀、ヒ素、銅、鉛、クロム、亜鉛、ニッケルの基準を超えている割合が、それぞれ７・０％、１・６％、２・７％、２・１％、１・５％、１・１％、０・９％、４・８％もあり、塩素系殺虫剤のＢＨＣによる汚染が０・５％、ＤＤＴによる汚染が１・９％、多環芳香《たかんほうこう》族炭化水素類による汚染が１・４％あったとされています。

これらをすべて浄化するのはとても難しいといえます。

ほかの発展途上国でも同じような土や地下水の汚染地がとてもたくさんあると推定されていますが、調査も十分に行われていません。

地球にやさしく暮そう

●身近な塩ビ製品

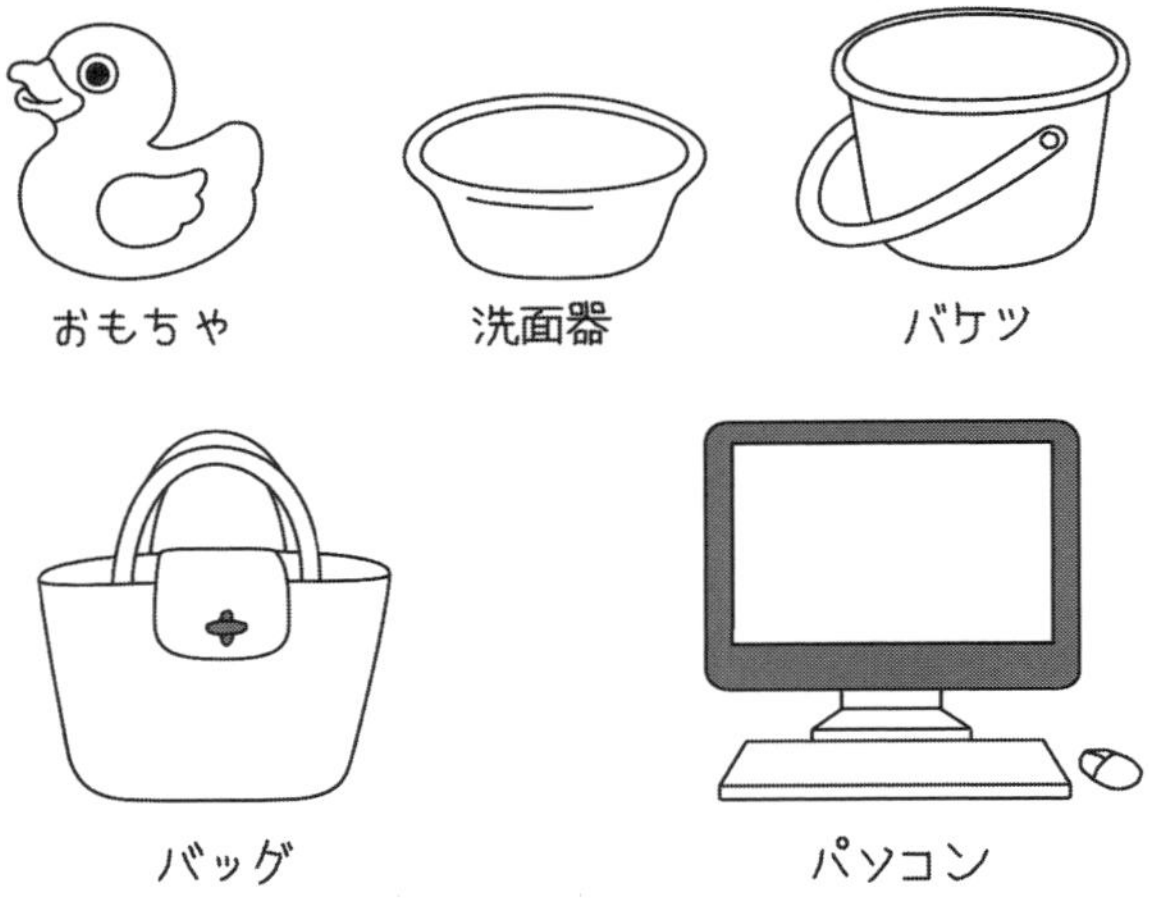

多くの人は、土の役割をあまり教えられていないため、よく知りません。

しかし、土は、農作物を含む植物を育てています。土はいのちのもとになっているのです。

また、地下水は、飲み水や農業用水、工業用水としてとても多く使われ、大切なものです。

土と地下水を大切にすることが、私たちの生活にとってとても重要なのです。次のことをしてみましょう。

70 自分の家の下にある地下水の深さと、どこから来ている水かを先生や役所にきいてみる。

71 雨水をできるだけ地面に浸み込ませたり、ためて利用する。

72 地震などで断水したときに利用できる井戸が近くにあるか調べてみる。

73 利用できる井戸がある場合、井戸水を簡易な試験紙や試験キットなどで調べてみる。

74 近くの井戸水が飲める場合には地下水を味わってみる。

75 自分の家の水道水に地下水が利用されているか調べてみる。

76 日本各地の水道水の地下水利用の割合を調べてみる。

77 近くの川の上流に行って地下水がわき出しているところを探してみる。

78 近くで地下水汚染の例があるか調べてみる。

79 地下水汚染の例があった場合には、どのような対策がとられているのかを調べてみる。

80 水道水はなぜ塩素消毒されているかを調べてみる。

81 身近なものの中で塩ビ製品を見つけてみる。

82 塩素や塩ビがどこでつくられているかを調べてみる。

83 土の種類と定義を調べてみる。

84 工事現場や山をけずった場所などで、深さによる土の種類の違いを調べてみる。

85 土の中に食べ物のカスや木、紙、プラスチックなどを入れ、数ケ月後の変化を比べてみる。

86 近くの森林の土や畑の土をふるってみて、中にいる生き物を調べてみる。

87 電池などの、有害な金属が入っているものを投棄したり、埋めたりしない。

88 違った種類の土を筒に10センチ程度入れ、上から水を入れてみて、通りやすさを比べてみる。

89 近くに土の汚染された場所がないか役所にきいて、できれば検知管などで調べてみる。

90 近くに土の汚染があった場合には、どのような浄化対策がとられているか調べてみる。

91 土壌汚染や地下水汚染の調査と浄化にどのくらいのお金がかかるか調べてみる。

NOTE

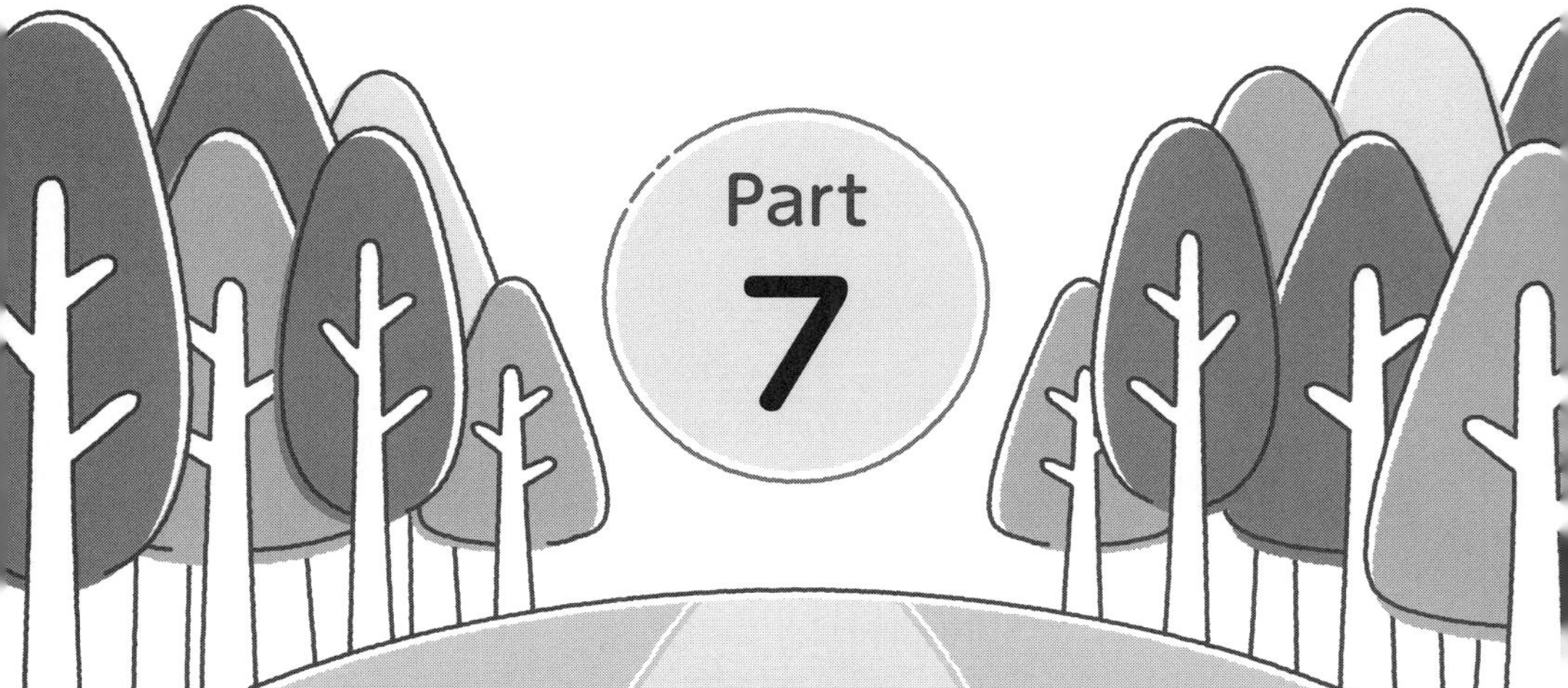

Part 7

森や生き物は守られ、砂漠は減ってきたのか

森の木がたくさん切られて材木や紙に使われたり、森が焼かれて畑にされたり、地球の緑がどんどん減って、砂漠が増え、動物の住む場所が消滅しつつあることが心配されています。
様々な生き物の適切な競争と
助け合いの関係を守りましょう。

熱帯林はいのちの宝庫

● 熱帯多雨林の特徴

２０１０年～２０１５年の地球上の森林面積は、約40億ヘクタール（1ヘクタールは1万平方メートル）で、地球の陸地面積１４７億ヘクタールの約30・6％です。そのうち、熱帯地域にある森林は、２０１５年には、約17億ヘクタール、世界の森林面積約40億ヘクタールの約42％です。この熱帯林の中に、地球全体の植物量の50～80％があるといわれています。

また、熱帯林は、雨が多く、湿ったところにある熱帯多雨林、季節によって少し乾くところにある熱帯季節林、乾いてまとまった森林ができないところにあるサバンナ林に分けられています。

これらのうち、熱帯多雨林は、約９億ヘクタール、陸地面積のわずか5％しかありません。でも、この熱帯多雨林の中に、地球上の生き物の半分以上の種類が生きているといわれています。

熱帯林、とくに熱帯多雨林は、いのちの宝庫、大切な「遺伝子資源」なのです。

コラム

エコロジーとはどんなものなのか

●生態系ピラミッド

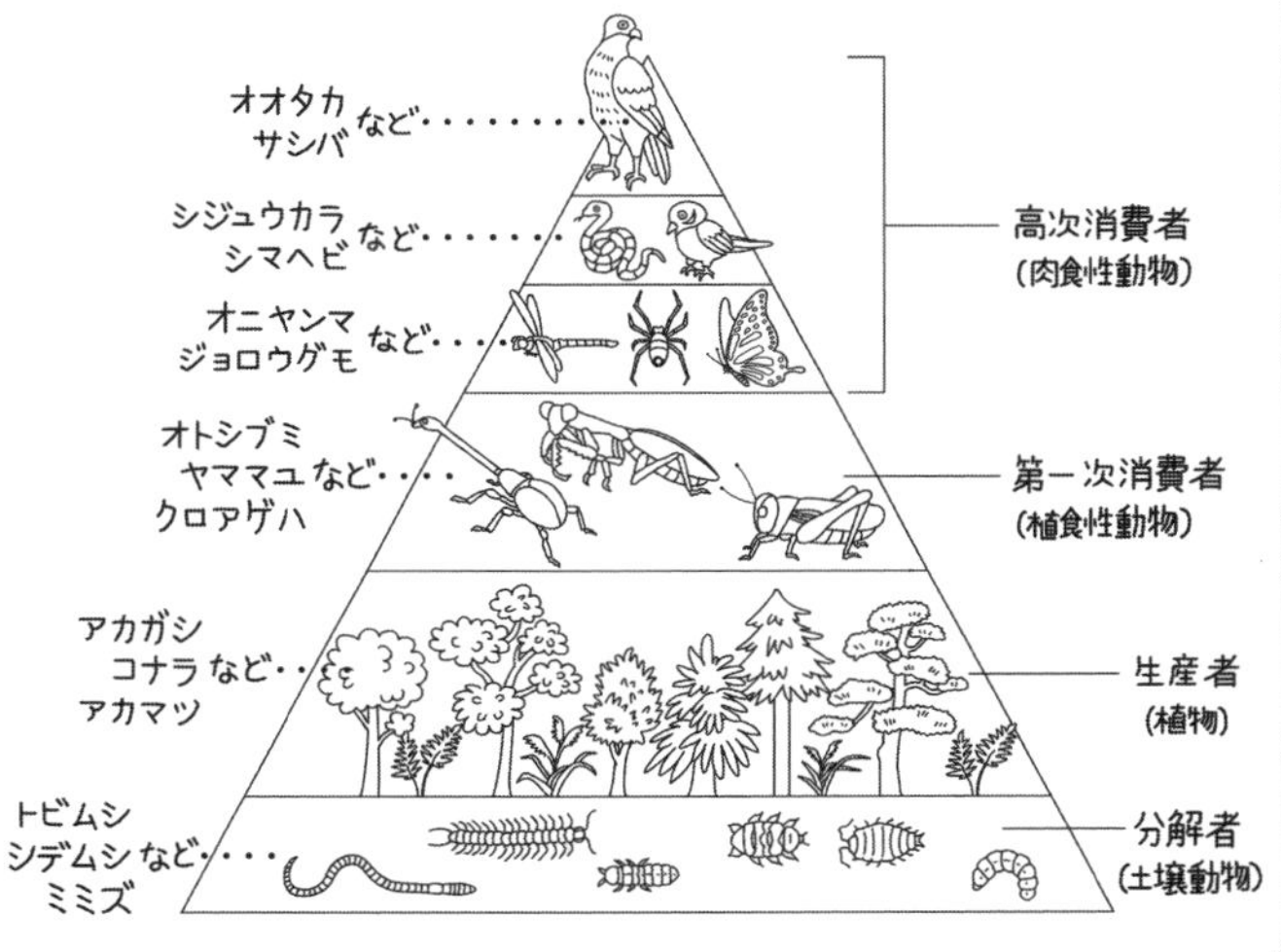

このごろエコロジーという言葉をよくききます。

エコロジーというのは、日本語では、生態学と訳されています。これは、いろいろな生き物の助け合いと競争の関係を研究する学問です。

例えば、木は、土の中の細菌や虫たちに助けられて栄養分をとって育ち、木の葉は、シカやシマウマなどのエサ、木の実は、リスや小鳥などのエサになります。シカやシマウマやリスや小鳥は、ライオンやタカなどの肉食動物のエサになります。

これらの植物や動物は、死ぬと細菌や虫たちのエサになってしまいます。

このように、すべての生き物にとって、生きることは助け合いと競争のバランスで成り立っています（これを生態系といいます）。このバランスを大きく崩すと、地球全体の生き物がおかしくなり、結果的に人間にも被害が及ぶことになります。

熱帯林の植物は種類が多い

ボルネオの森を1ヘクタールずつに分けて調べたところ、10ヶ所で、およそ700種類の木が見つかりました。これは、北アメリカ全体の24億ヘクタールで見つかっている木の種類の数と同じです。熱帯林には、とても多くの種類の生き物がいることがわかります。

● 熱帯林には多様な植物がある

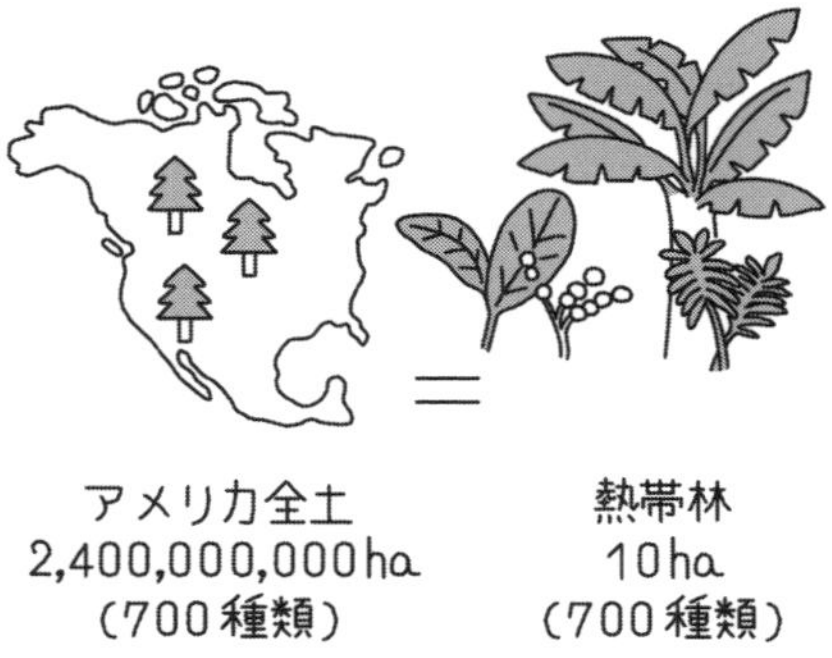

コラム

熱帯林からの木材生産量

熱帯林からとられた2020年の丸太の生産量は、約1226万立方メートル、合板の生産量は約4670万立方メートルで、ここ数年は大きな変化はありません。

熱帯林が、木材資源の重要な供給源となっています。

森林の減少は止まったのか

● 森林面積の変化の大きな 10 ヶ国（2010-2015）
（2015 年 FAO 資料より作成）

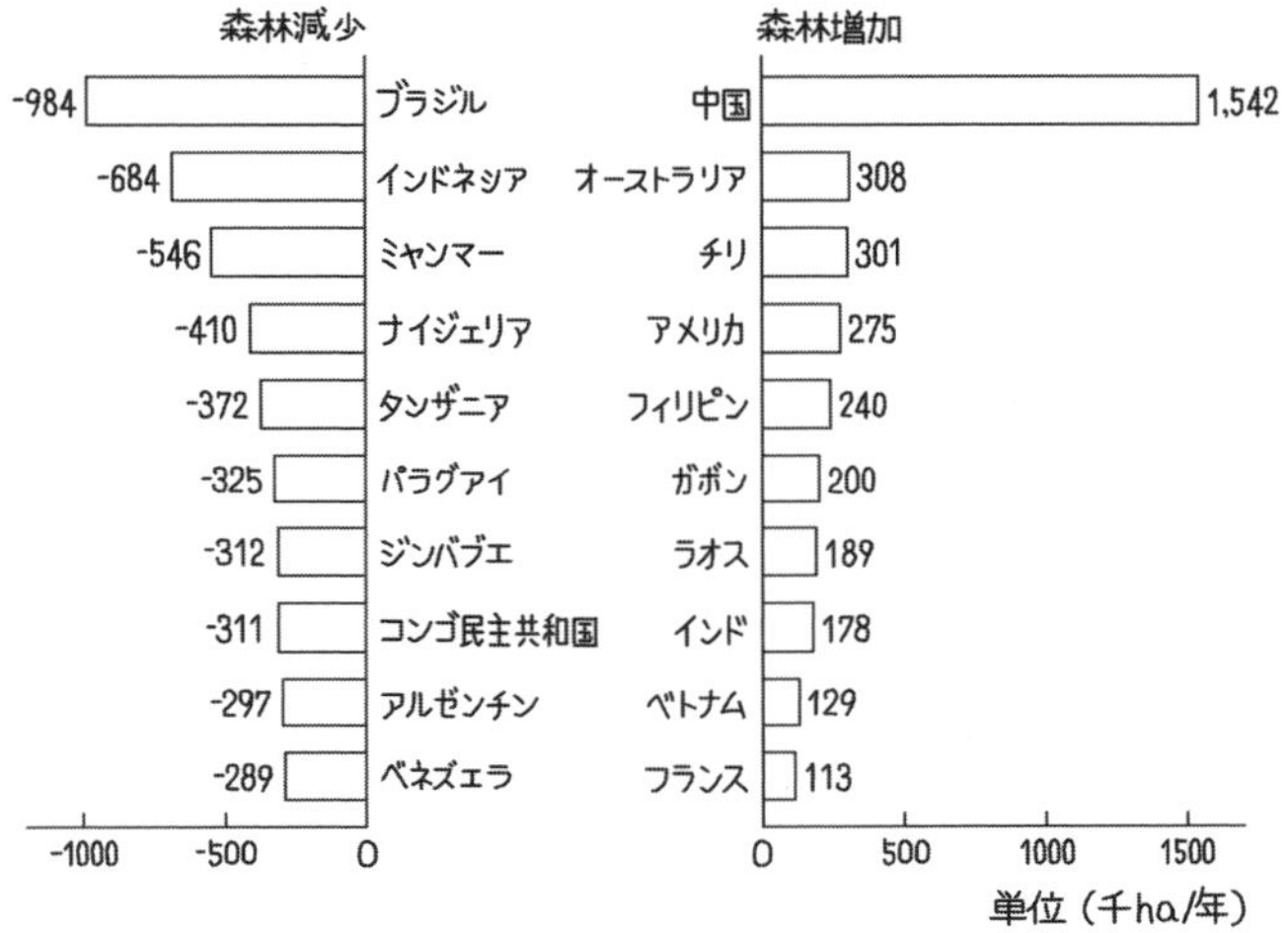

地球上の森林面積は、切り取り（伐採）と植林のバランスで地域によって増えたり減ったりしています。

地球にとって大切な熱帯林は、１９８１年から毎年１１００万ヘクタールくらいずつ減っていましたが、いろいろな対策で２０００年から２０２０年には、毎年の減る面積がおよそ６００万ヘクタールに改善されました。

しかし、これでも、１年間に日本の約16％の面積、１分間に甲子園球場のグラウンドの８・８倍もの森林がなくなっているのです。

このほかに、木が切り取られたりして弱っている森林が、その何倍もあります。

とくに、ブラジル、オーストラリア、インドネシア、ナイジェリア、タンザニアなどでたくさんの森林がなくなっています。これらの地域では、森林のなくなる速度が増え続けているので、森林保護に力を入れる必要があります。

● 海外の産業植林地
（一般社団法人　海外産業植林センター提供）

森林をつくるのはとても大変

熱帯多雨林では、窒素やリンなどの栄養分の90％が植物の中にあります。言い換えると、熱帯多雨林は、土の中に10％しか栄養分がない、土がとてもやせた森林なのです。

だから、木をとってしまったり、畑にして作物をとってしまうと、土の栄養分がなくなって、すぐに荒れてしまいます。そして、一度荒れてしまった森林を元に戻すのは、とても大変です。

最近では、中国やアメリカ、インドなどで植林が増えています。しかし、木材として利用できる木を植える産業植林が多く、いろいろな雑木が生えている天然の森林のようになることはとても少ないのです。

また、植林しても木が大きく育つまでには数十年以上かかります。

だからこそ、早めに植林すること、できれば木材となる杉やヒノキなどだけでなく、実がなり、鳥や動物が生きていけるいろいろな木を植えることが重要です。

日本での木材消費の影響は どの程度なのか

● 木材の使い道

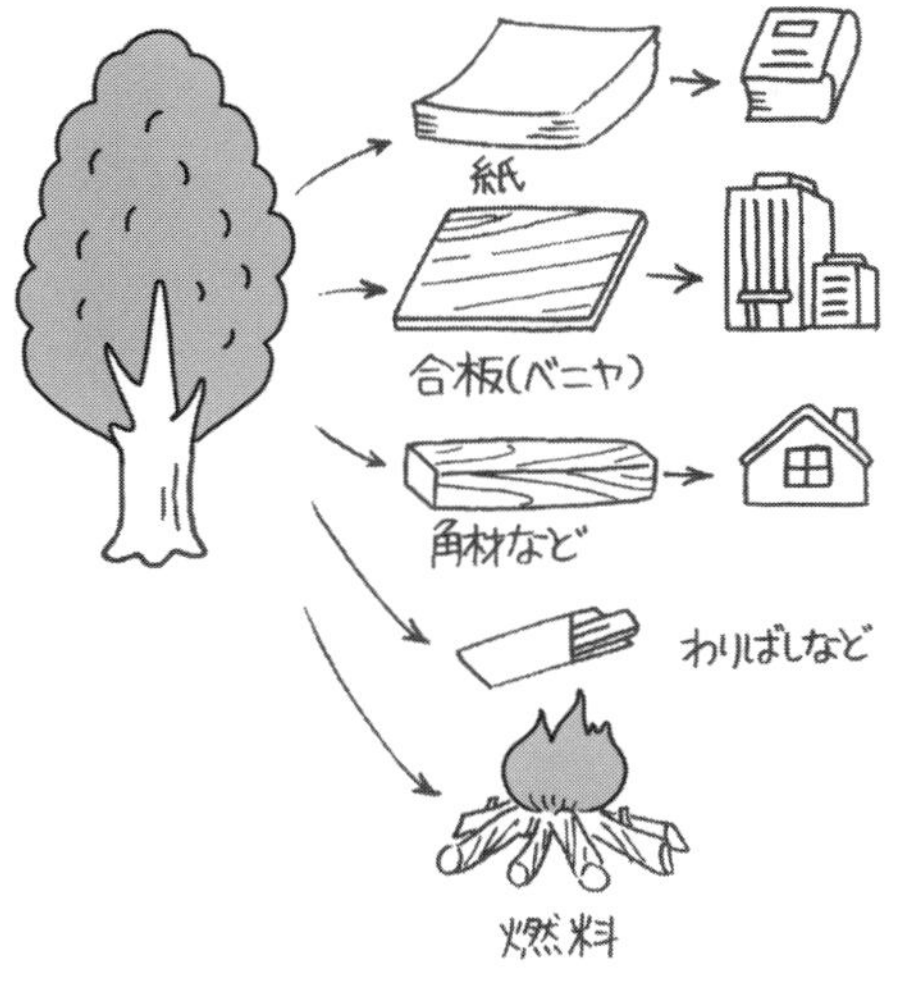

日本は、熱帯林などでとれる広葉樹の丸太を、世界の使用量の2・4%消費しています。日本の木材輸入額は全輸入額の13・5%になります。日本が、ほかの国の森を一番消費しているのです。

２０２１年に日本に丸太を輸出している国は、今まで多かったマレーシアで規制されたため、米国、カナダ、ニュージーランドの順になっています。

２０２１年に加工したベニア板などの製材を日本に輸出している国は、アメリカが一番多く、28・5%、フィリピンが27・5%、中国が26・6%となっています。

これらの木材は、みなさんの家や木の箱や柵をつくるのにも使われています。

それだけでなく、ビルをつくるときのコンクリートの枠（型枠といいます）にもたくさん使われ、すぐ捨てられていました。このため、最近は、鉄でできた型枠をリサイクルして使うことも多くなってきました。

また、木は、紙の原料としても、たくさん使われています。

●紙のつくり方

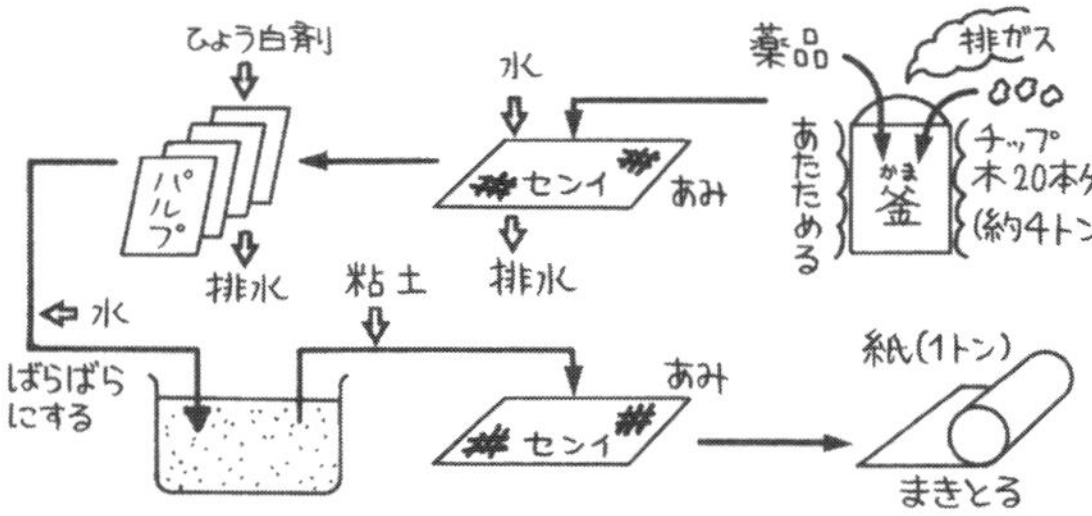

木の4分の1、乾燥した木の半分くらいは、セルロースという繊維分で、紙はこの繊維分からつくられています。

木を小さく切りきざんで、薬品と一緒に煮ます。すると、繊維でない部分が水に溶けるようになり、網の上で洗うと、繊維分だけが網の上に残ります。これを乾かしたものをパルプといいます。このパルプを水に入れ、粘土の粉などを混ぜ、さらに、網の上にうすくつけて、乾かすと紙ができます。

木の乾燥成分のおよそ半分だけが紙になり、残り半分はほとんど捨てられます。

紙を捨てるのは、4倍の森の木をとって捨てることになるのです。

コラム

日本人は森を食べている

日本人は、世界一のエビ好きで、2019年には16万トンも食べていますが、その約92%は輸入エビです。インド、ベトナム、インドネシア、アルゼンチン、タイからそれぞれ25・0、18・8、12・5、10・0、6・3%輸入しています。

多くが沿岸で養殖されていますが、日本に輸出するエビを養殖する池をつくるために、熱帯林が伐採されている例もあります。

日本人がエビを安く食べられるのは、インドや東南アジアの人などが熱帯林の一部を伐採して働いているためでもあります。

また、日本で洗剤の原料などに多く使われているヤシ油、あるいはコーヒーやココアの原料となるカカオ豆をつくるためにも、東南アジアや西アフリカなどの森林が壊されています。

日本人は森林を食べたり、飲んだりしているともいえます。

動物や植物はどのくらい絶滅しているのか

● 地球上から生き物が消える速度
（マイヤース『沈みゆく箱舟』より作成）

恐竜時代	約1000年に一種絶滅
1600〜1900年	約4年に一種絶滅
1900年代前半	約1年に一種絶滅
1975年ごろ	約9時間に一種絶滅
1975〜2000年	約13分間に一種絶滅

少し前まではたくさんいた魚や鳥や森の動物たちが、いつの間にかいなくなり、地球から生き物が消えていくことが心配されています。

地球上に生き物が生まれてからおよそ35億年の間に、いろいろな生き物が生まれ、そして絶滅し、消え去っていきました。このような変化はずっと続いてきました。でも、20世紀になってから、生き物がものすごい勢いで地球上から消え去っています。

恐竜時代には、１０００年に1種くらいしか消えていませんでした。１６００年から１９００年までの間の３００年間には、およそ4年に1種くらいが消えていたとされています。しかし、１９００年になると、1年に1種がいなくなり、１９７５年から２０００年までには、なんと、13分間に1種、1年間におよそ4万種以上の生き物が、地球上から消え去ってしまっています。

生き物が生まれた35億年前からのことを考えると、ほんのまばたきするくらいの短い年月で、長い間生き続けてきた生き物がたくさん消えているのです。

世界でいなくなりそうな生き物

●いなくなりそうな生き物

野生の生き物は、熱帯林のような、暮しの場が壊されると生きていけなくなります。熱帯林が減って、今後30年間に10～20％、３００万～６００万種類もの生き物が地球上からいなくなると推定されています。

熱帯林だけでなく、湿地、サンゴしょう、島などで、野生の生き物の暮しの場がどんどん壊されています。

また、人間の行為によって、野生の生き物が減っています。

動物をとって食べることのほかに、オウムや熱帯魚などのペット、毛皮の洋服、ワニやトカゲの皮のハンドバッグ、ゾウゲやベッコウのアクセサリーなどにされるため、絶滅しそうになっている動物も少なくありません。

中国のパンダがとても少なくなっていることは、みなさんも知っているでしょう。インドネシアのジャワサイ、日本のイリオモテヤマネコ、ブラジルのライオンタマリンというサル、地中海のモンクアザラシ、アラビアオリックスというカモシカの仲間などが、絶滅しそうな野生動物の代表です。

鳥では、北アメリカのアメリカシロヅルやカリフォルニアコンドル、ハワイのイイウイ、モーリシャスのチョウゲンボウ、スペインのカタジロワシなどが消え去りそうです。

日本でもコウノトリ、イヌワシやタンチョウヅルなどの身近な生き物もすごく減りました。

日本にたくさんいたトキは、日本にいなくなってしまったため、中国からゆずり受けて増やす努力が続けられています。

アフリカゾウやトラ、オオカミもどんどん減っています。熱帯魚のアロワナ、ベッコウの原料になるタイマイなどもすごく減りました。

このほかにも、何億、何千万、何百万匹もいた動物も、どんどん数が減って、このままでは、もうすぐ絶滅してしまう動物たちが、数えきれないほどいます。

また目立ちませんが、シダ類をはじめとして、絶滅したり、絶滅しそうな植物も、とてもたくさんあります。

最近になって、世界的に、これらの動植物を捕ることは取り締まられるようになっていますが、日本などの先進国の人たちが、めずらしがってこれらを買っているため、取り締まり逃れが後を絶ちません。

例えば、ゾウゲをとるために毎年２万頭以上ものゾウが殺されているといわれています。

アフリカで違法に殺されたゾウの割合は２０１０年以降、全生息数の７%前後であまり減っていません。

ゾウ以外の野生の生き物も値段が上がり、こっそり捕ること（密猟といいます）が後を絶ちません。

人間という生き物が、自分たちの仲間の多くの動物や植物を、地球上から次々と絶滅させているのです。

動物だけでなく、目立たない絶滅しそうな植物も大切にする必要があります。

動物や植物は保護できるのか

現在、いろいろな国が、地球上の陸地の約13％を野生の生き物を保護する自然保護区に指定しています。

また、多くの国が、野生の生き物を保護する基本計画を決めています。

これらの国では、野生の生き物の輸入や、絶滅しそうな野生の生き物をつかまえて加工したものを輸入したり売ったりすることを禁止しています。

しかし、こっそり輸入する密輸なども続いています。

貴重な生き物がいる国と、貴重な生き物が輸入されてしまう国とが今まで以上に協力して取り締まることが大切です。

動物園や植物園は、絶滅しそうな動物や植物を見せるだけでなく、増やす努力もしています。でも、動物園や植物園だけで子どもを増やすのはとても大変です。

これは、いろいろな生き物の助け合いの関係がなかなかうまくつくれないからです。

動物園や植物園で育てたり、子どもを増やして絶滅を防ぐのは、最後の方法です。

野生の生き物が絶滅する勢いを抑えるためには、できるだけ自然の状態で、保護区を広げていくことが大切です。

また、数が少なくなった自然の動植物を使ったアクセサリーや薬などを買わないことなども大切です。

これからは、人間のほうも、決められた地域で野生の生き物と共存して暮せるように知恵を出したり、野生の生き物の多い国を先進国などが助けることも必要です。

生物多様性保護国家戦略とはなにか

● **日本にしかいない生き物**
（環境省資料より作成）

ほ乳類		ニホンザル、アマミノクロウサギ、ノウサギ、ニホンリス、ホンドモモンガ、ヤマネ、イタチ、イリオモテヤマネコ、ニホンジカ、ニホンカモシカ
鳥類		アホウドリ、ミソゴイ、ヤマドリ、ヤンバルクイナ、アマミヤマシギ、オオジシギ、ウミネコ、カラスバト、アオゲラ、ノグチゲラ
ハ虫類		イシガメ、カナヘビ、シマヘビ、アオダイショウ
両生類		カスミサンショウウオ、クロサンショウウオ、ハコネサンショウウオ、オオサンショウウオ、モリアオガエル、カジカガエル
淡水魚類		タナゴ、イタセンパラ、アユモドキ、ビワコオオナマズ、オヤニラミ
昆虫類		ヒヌマイトトンボ、シマアカネ、リュウキュウトンボ、ヨナグニモリバッタ、イシガキニイニイ、オガサワラゼミ、ヒメチャマダラセセリ、ウスバキチョウ
植物		コウヤマキ、ウラジロモミ、ハリモミ、イワザクラ、オゼソウ、シラネアオイなど 日本の植物の約40%は固有種である

日本は、およそ１３０００年前に、中国大陸から完全に分かれて島国になったため、ほかの国にはいない特別な生き物がたくさんいます。

　私たちが身近で気にしていない多くの植物は、日本だけにしかない（固有種といいます）、とても大切な植物です。

　また、ニッポンタナゴ、ニホンスッポン、キジ、ヤンバルクイナ、エゾヒグマ、ニホンツキノワグマ、ニホンザル、ヤクザル、エゾシカ、ホンドシカ、キョン、ムササビ、ツシマテン、ツシマヤマネコ、ニホンヤマネコなどのほ乳類40種をはじめ、鳥類20種、ハ虫類30種、両生類45種が日本だけにしかいない動物です。

　このようなことを知り、これらの生き物を守ることが重要です。

　ただし、ある動植物だけを守ると、その動植物だけが増えすぎて困ることがあるので生態系全体を守ることが重要です。

●絶滅したり、絶滅しそうな動物の例

例えば、エゾシカを保護するためにニホンオオカミを完全に退治したために、北海道などでエゾシカが増えすぎて森の草や木が食べられすぎて困っています。

また、ニホンザルを保護したために農作物が盗まれて困っている地域もあります。

特別な動植物だけでなく、いろいろな生き物をバランスをとって守ることが必要です。

このため、日本では２００８年に生物多様性基本法という法律が成立し、２０１２～２０２０年までの生物多様性保護国家戦略がつくられました。この国家戦略では、以下の５つの基本政策を決めています。

① 生物多様性を社会に浸透させる。
② 地域における人と自然の関係を見直し、再構築する。
③ 森・里・川・海のつながりを確保する。
④ 地球規模の視野をもって行動する。
⑤ 科学的基盤を強化し、政策に結びつける。

これらをもとに、13の目標と48の主要な行動目標、約７００もの具体的な施策と50の目標値が決められました。

コラム

私たちの体にもたくさんの細菌が住んでいる

細菌をバイキンといって嫌っている人や異常に潔癖《けっぺき》症で、細菌がいたらいけないように思っている人がいます。しかし、大部分の細菌は役に立つか無害で、病原菌は非常に特別な細菌です。

部屋やものだけでなく、人にも細菌は住みついています。

人には100兆匹以上もの細菌が住みついているとされています。

腸内の善玉菌は消化吸収を助けています。また、皮ふの常在細菌が外部からの病原菌の侵入を防いでくれています。

また、ダニも部屋や、ものや、人に住みついています。

例えば、顔にはニキビダニなどが住んでいますが、とくに被害はありません。

布団には数十万匹のダニが住んでいるといわれていますが、多くの場合は被害がありません。

あまり不衛生にするのは良くありませんが、特別に病弱な人以外は、異常に清潔を求める必要はないと知ることも大切です。

●胃腸にいる細菌

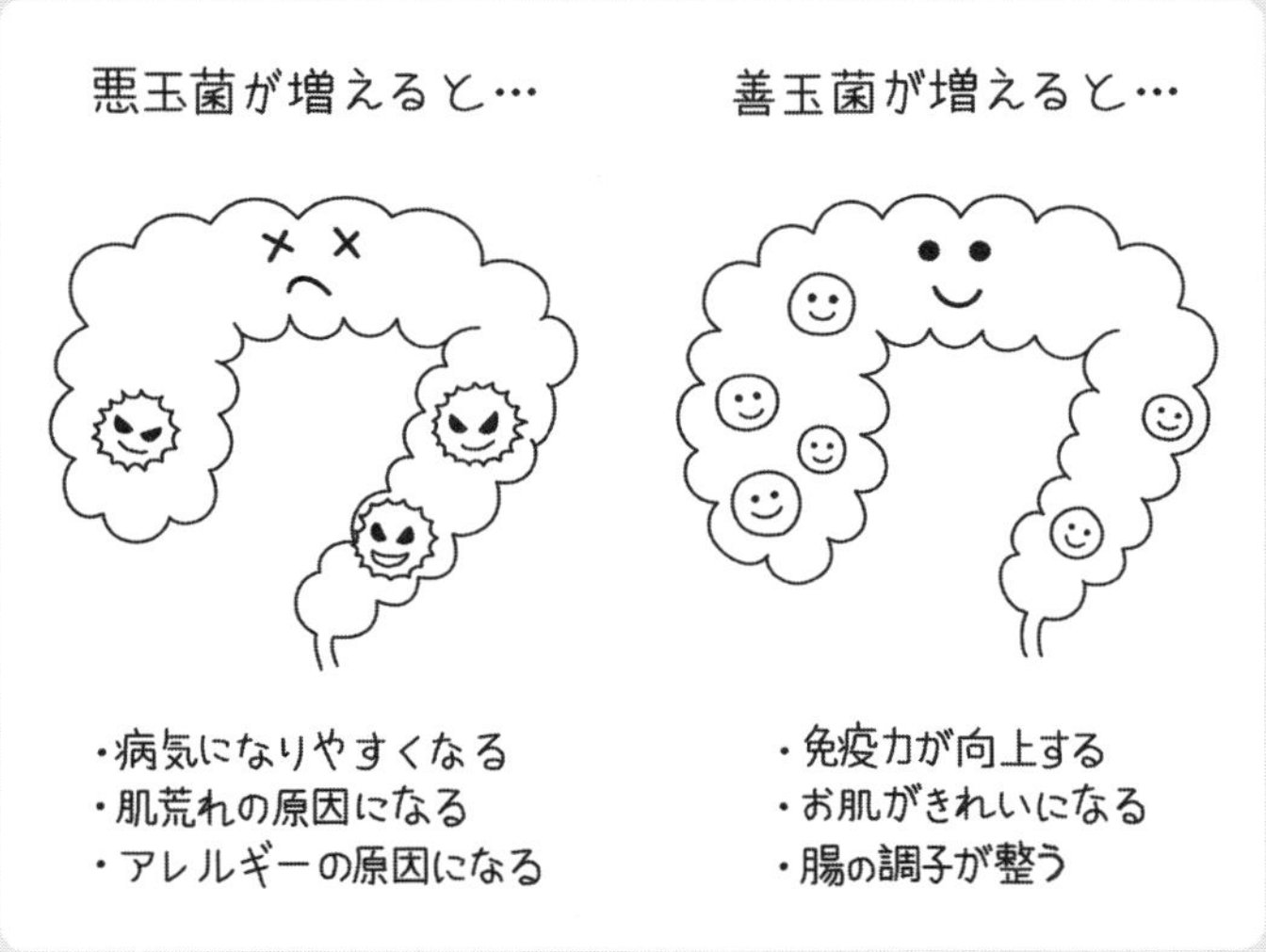

砂漠の増加は止まったのか

● 1980-2015年での地域ごとの湿潤・半湿潤・半乾燥・乾燥・極乾燥地域面積
（気候変動に関する政府間パネル資料 UNDP の 2018 年資料より作成）

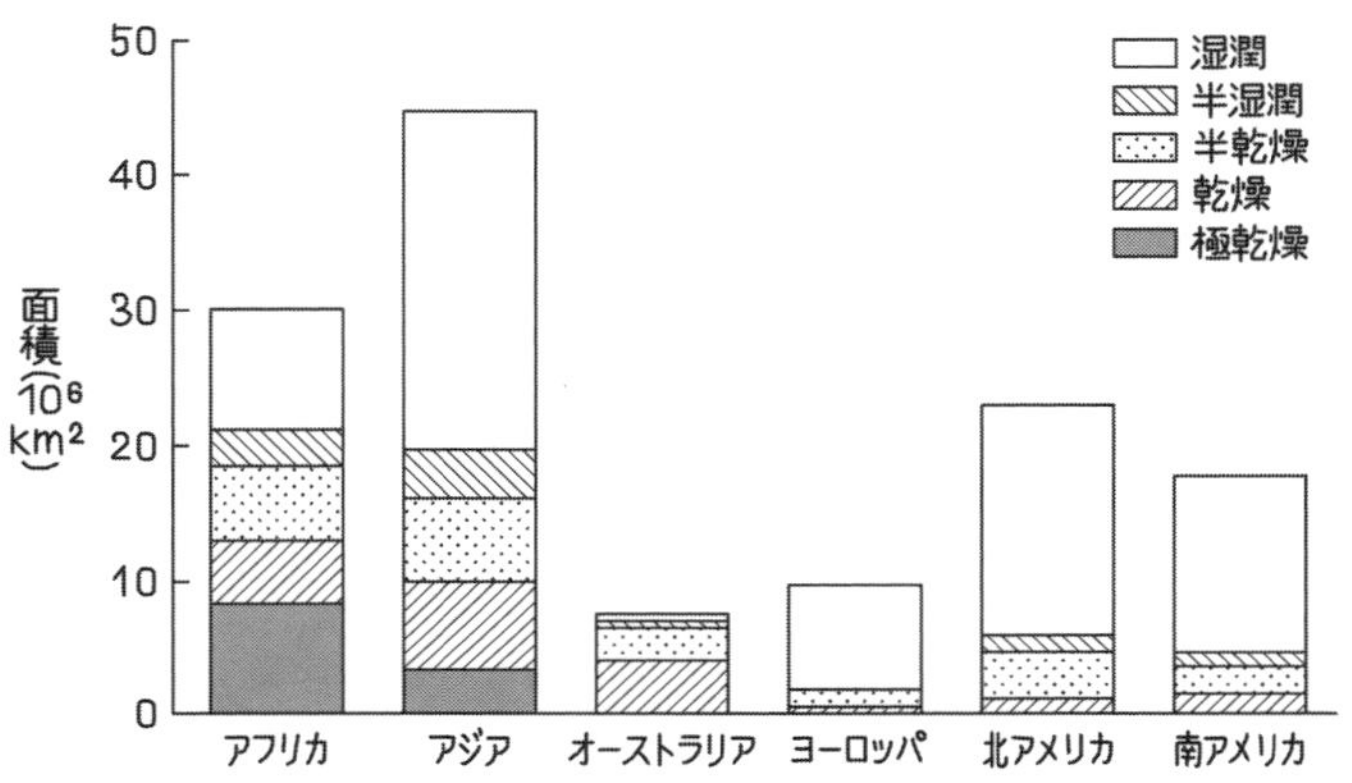

森がどんどんなくなる一方で、草木がほとんどない砂漠が、毎年、６００万ヘクタールずつ増え、砂漠化が進んでいるところも毎年、４００万ヘクタールずつ増えています。両方を合わせると、毎年、本州の半分くらいが砂漠になったり、砂漠に近づいていています。

２００５年時点では、ヨーロッパの33%、アフリカの25%、アジアの22%、南アメリカの15%、オーストラリアの13%、北アメリカの11%、合計では、全陸地のおよそ4分の1の36億ヘクタールの土地が砂漠化してしまいました。

また、世界では10億人以上が、砂漠化のひどいところに住んでいます。さらに、この2倍程度の人が砂漠の影響を受けています。

砂漠が増える原因は、地球の気候が変わって雨が降らないところが増えてきたことのほかに、人口が増えて、たくさんの家畜を放牧しすぎること、薪をとりすぎること、肥料をやらずに農業をして土の中の栄養分をなくしてしまうこと、間違った水管理をすることなどによるとされています。

世界はどう取り組んでいるのか

野生の生き物を守るための条約などがいくつかあります。例えば、渡り鳥が行ったり来たりする2つの国の間で、渡り鳥を保護するための条約（渡り鳥等保護条約など）や協定が結ばれています。例えば、日本は、アメリカやロシアと条約、オーストラリアや中国と協定を結んでいます。

　また、水鳥などが住む湿地を保護するためのラムサール条約や、絶滅しそうな野生動物を売ったり買ったりすることを取り締まるためのワシントン条約などがたくさんの国で約束されています。

　野生の生き物を保護するための活動としては、前に紹介したＵＮＥＰや国連教育科学文化機構（ＵＮＥＳＣＯといいます）などが、いくつかの計画を進めています。

　また、国際自然保護連盟（ＩＵＣＮ）というところが、自然保護の調査や研究、関係者への勧告や助言、および開発途上国への支援をしたり、パンフレットや本を出したり、条約の案をつくったり、いろいろな活動をしています。

　世界自然保護基金（ＷＷＦ）というところは、自然保護のための活動をしているたくさんのグループにお金を出したり、教育をしたりしています。

　日本は、いくつかの野生の生き物を保護する条約に参加しているほか、中国のトキの保護や開発途上国の鳥類の保護に協力したりしています。でも、アメリカや西ヨーロッパに比べると、世界の野生の生き物の保護への貢献は少ない状態です。

　野生の生き物やその毛皮などをこっそり輸入して、ワシントン条約を守っていないといわれたりしている日本は、これからは、野生の生き物の保護、とくにアジアの自然保護に、もっともっと力を入れる必要があるでしょう。

　一方、１９８５年に、国際連合食糧農業機関（略称：ＦＡＯ）が熱帯林行動計画を決め、熱帯林を守るための5つの方法を示しました。62の国でこの計画によるいろいろな努力がされています。

１９８６年には、横浜に国際熱帯木材機関（略称：ＩＴＴＯ）というものができて、木材がとれる国と木材を使う国とが協力して熱帯木材の貿易と森林を守ることになりました。

２００６年には、国際熱帯木材協定が採択され、２０１１年に発効し、現在、73ヶ国とEUが加盟しています。

このＩＴＴＯでは、ガイドラインをつくり、木材をとるだけでない森林の利用方法や林業と農業を組み合わせた土地利用方法、焼き畑をしないですむ暮し方や薪の上手な使い方などを指導しています。

これらによって、持続的な経営ができる熱帯林が２００５年の３６３８万ヘクタールから、２０２０年には2億３３００万ヘクタールに増えました。

なお、中国などで、木を植える植林がされ、中国の森林面積は減らなくなりました。

また、世界の植林面積が２０２０年末で約1億３１００万ヘクタールになり、１０５ページのような森林の増加に貢献しています。

しかし、熱帯の森林は減り続けています。

砂漠化防止については、１９７７年に、国連の砂漠化防止会議が開かれ、砂漠化を防ぐための行動計画が決められました。

また、１９８５年には、アフリカの環境大臣が集まって、砂漠化対策の計画を決めました。

１９９４年には、砂漠化対処条約が採択され、１９９６年に発効しました。その後、２０１９年までに条約の締結国会議が14回開かれ、長期的な対策が進められています。

これからは、日本もお金以外に、植林や砂漠化防止の技術などを支援したり、植林をして育てた木を使うことなどをいっそう進めることが求められています。

地球にやさしく暮そう

地球や日本から絶滅種を減らすためには、生き物の生活している場所を守ることが重要です。すでに書いた川や湖や海や森を守る方法は、全部生き物を守ることにつながります。

そのほかに、次のようなことをしてみましょう。

92 日本や世界でどんな生き物が絶滅しそうになっているのか調べてみる。

93 動物園や植物園で見た動植物について、絶滅の可能性がないか調べてみる。

94 減っている動物や植物やそれらを使ってできているものは買わない。

95 絶滅しそうな動物や植物をこっそりとったり、売ったりしているのを見つけたら、警察か役所などに知らせる。

96 身近なところの鳥や虫や草花などが生き残っている環境と、生き物どうしの関係を調べてみる。

97 クモやミミズなど、人にとても役に立っている生き物たちを嫌って殺したりしない。

98 自分たちの食べているものは、どんな生き物からつくられているのか、どんな生き物をエサにして育っているのかを考えてみる。

99 自分たちの体の外と体の中にいるたくさんの細菌の役割を調べてみる。

100 ヨーグルトをつくってみて、細菌の役割を知る。

101 生ゴミや木の葉などから堆肥《たいひ》をつくってみて、細菌の役割を知る。

102 どこが砂漠化している地域かを調べてみる。

103 砂漠化している地域の生活を調べてみる。

104 中国から日本にやってくる黄砂《こうさ》の発生原因と発生地域を調べてみる。

NOTE

Part 8

資源消費やゴミは減ってきたのか

リサイクルが重要だという意識は広がっていますが、様々な資源の消費やゴミは本当に減っているのでしょうか。浪費社会を変えましょう。

資源はいつなくなるのか

● 金属類の資源量に対する 2005 ～ 2050 年の予想使用量の倍率
（物質・材料研究機構の資料を参考に作成）

金属名	経済的にとることができる資源量に対する使用量の倍率	技術的にとることができる資源量に対する使用量の倍率
鉄	0.8	0.4
アルミニウム	0.2	0.2
亜鉛	3.6	1.7
クロム	0.8	0.4
ニッケル	2.5	1.1
スズ	5.2	2.9
白金	1.1	1.0
金	5.8	2.6
銀	10.3	4.9
銅	2.6	1.3
鉛	6.2	3.0
アンチモン	4.7	2.1
リチウム	2.1	0.8

資源とは、人材やお金などをいうこともありますが、一般には、人が必要とする天然のもののことをいいます。

天然資源には、土砂や石などの建設資材のほかに、石炭、石油、天然ガスなどの燃料や合成有機化合物の原料になる炭化水素資源（化石燃料資源ともいいます）、鉄や銅などの一般金属資源、アンチモン、ビスマスなどの希少金属（レアメタルといいます）資源、石灰やイオウ、リンなどの非金属資源があります。

資源の寿命は、人がとる技術と費用で大きく変わるので、確定的ではありませんが、例えば、物質・材料研究機構の２００７年報告では、金属資源の２００５年から２０５０年の予想使用量の資源量に対する割合は上の表のようになっています。

スズ、金、銀、鉛、アンチモンなど、予想される使用量が技術的にとることができる資源量の２倍以上になるものがとてもたくさんあり、資源の枯渇《こかつ》が心配されています。

コラム

資源がたくさん必要なものとはなにか

●電気・電子製品には貴重な金属が使われている

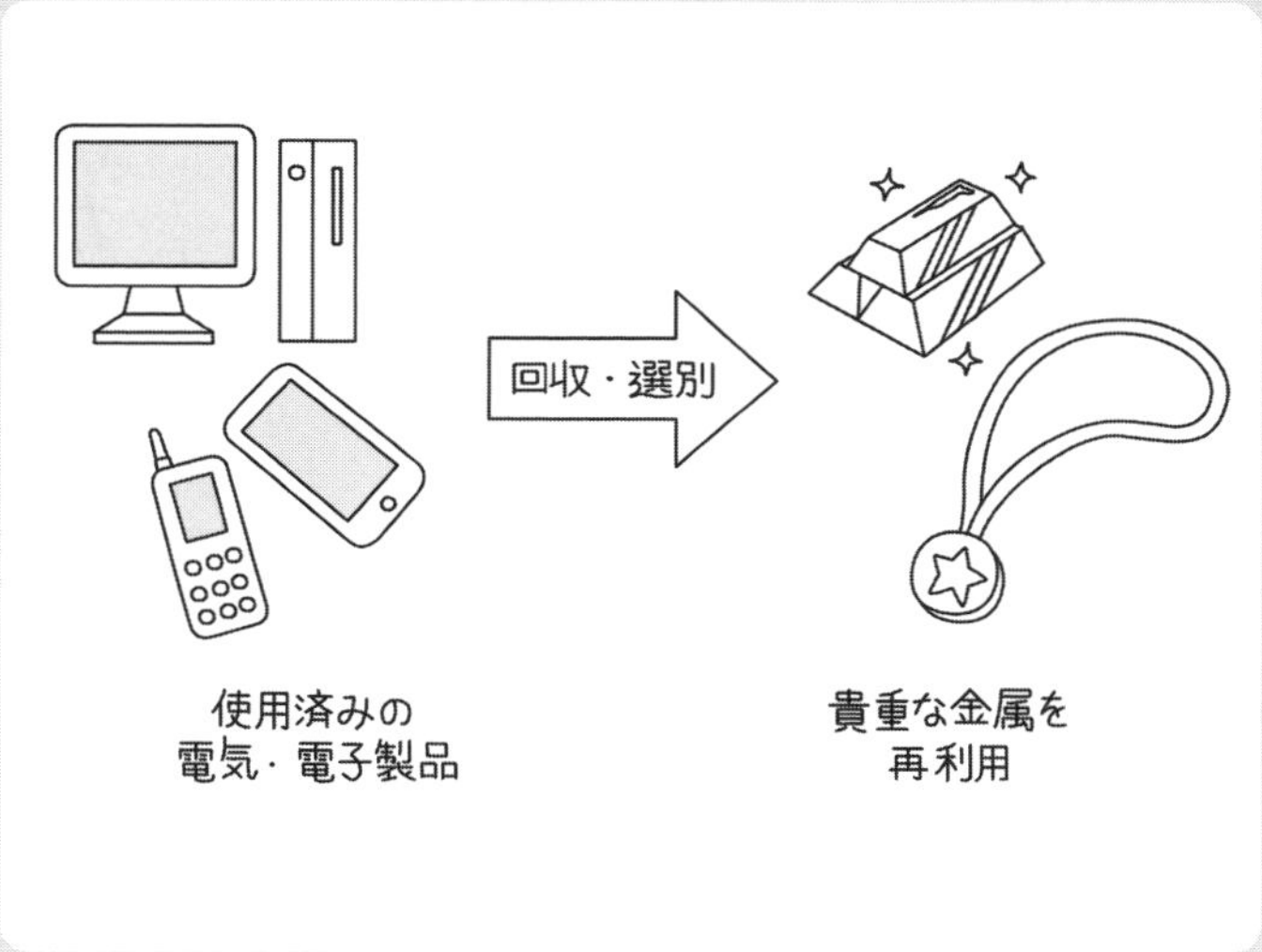

道路やビルなどの建物をつくるには、土砂や石、材木、石灰を含むセメントなど資源が大量に使われています。

プラスチックには、石油がたくさん使われています。

また、電気やガスなどをつくるには、石油や石炭、天然ガスなどの化石燃料資源がたくさん使われています。

電気・電子製品には、亜鉛、ニッケル、スズ、金、銀、銅、鉛、アンチモンなどの金属資源がたくさん使われています。

このため2021年の東京オリンピックのメダルの一部を使用済みの電気・電子製品からつくることが提案され、実施されました。

国際情勢の変化で、将来も日本が今までと同様に資源の入手ができるか否かは不明確です。

電気・電子製品やその他の機器についても、資源を使う量を減らしたり、リサイクルすることがとても重要になります。

ゴミの種類と行き先はどこなのか

ゴミ（廃棄物）は、私たちの家や商店などから出される一般廃棄物と、工場等の様々な事業所から出される産業廃棄物とに分けられています。

また、食べ物からの生ゴミのほかに、金属類、紙類、繊維類、ガラス・陶器類など、地方ごとに決められた種類に分けられています。

一方、廃油、廃酸、廃アルカリ、病院や医院から出る感染性廃棄物、ＰＣＢや水銀、石綿（アスベスト）、重金属類や塩素系溶剤類、ダイオキシン類などを含む廃棄物を特別管理一般廃棄物または特別管理産業廃棄物といいます。

私たちの家やごく小さな商店などからのゴミの多くは、地元の市区町村が集めて、市区町村、またはそれらがいくつかまとまってつくった協同組合のゴミ処理場で燃やされています。日本は世界各国に比べてゴミの焼却施設の数がとても多くなっています。

なお、分別された紙や金属等はリサイクル業者に売られたり、生ゴミは堆肥にされたりしています。

また、溶け出しやすい重金属やＰＣＢなどの有害なものを含まない産業廃棄物は、収集運搬業者によって集められ、許可を受けた業者によって燃やされたり、リサイクルされています。

一方、有害なものを含む特別管理一般廃棄物や特別管理廃棄物は、許可を受けた業者によって集められ、許可を受けた業者によって燃やされたり、高温度でガラス化されたり、固められて無害化されるか、特別な処理の後にリサイクルされています。

なお、２０１９年度の産業廃棄物の排出量は３億８３５４万トンで、汚泥が44・3％、家畜ふん尿が20・9％、ガレキが15・3％を占めていました。

ただし、再利用や減量化によって最終処分量（埋立量）は約９１６万トンになっています。

ダイオキシン類対策は進んできたのか

ゴミは、完全に燃えないと、排ガスが３００～４００℃くらいに冷えたときに、燃え残りのものとゴミに含まれていた塩素とが結合してダイオキシン類が発生します。

とくに、排ガスの中の粉じんを除く装置（集塵《しゅうじん》機といいます）でダイオキシン類が多くできたため、完全燃焼しにくい小型の焼却炉は使用されなくなりました。

また、排ガスに水を吹き込んだりして、急に冷やしてから粉じんを除くようにしています。

さらに、排ガスを活性炭で処理してダイオキシン類を除く方法も行われています。

これらによって、ゴミ焼却施設の排ガスからのダイオキシン類の排出量は、ダイオキシン類汚染が問題化する前に比べて大幅に減りました。

また、アルミのリサイクル工場などのダイオキシン類ができやすい工場の排ガスも同じような対策が進み、ダイオキシン類の排出量が大幅に減りました。

なお、排ガスから除かれたダイオキシン類を含む粉じんは、再び高温で分解したり、固められて、埋め立てられたりしています。

ダイオキシン類を含む排水は、活性炭処理されていますが、決められた濃度より低くなるように、ダイオキシン類を含まない排水でうすめて捨てられていることもあります。

しかし、うすめてもダイオキシン類の量が減るわけではありません。

また、ダイオキシン類やＰＣＢなどは、水から生物に濃縮・蓄積されて害になります。

このような濃縮性と蓄積性のあるものは、濃度でなく、排水量あるいは排ガス量と濃度とを掛け合わせた汚染物質の総量で規制することが必要です。

また、資源を新しく利用する量を少なくして廃棄物の量を減らせばダイオキシン類も少なくできます。

ダイオキシン類の仲間たち

ダイオキシン類というのは、ポリ塩化ジベンゾパラジオキシン類（略号：ＰＣＤＤｓ）とポリ塩化ジベンゾフラン類（略号：ＰＣＤＦｓ）と一部のポリ塩化ビフェニル類（略号：ＰＣＢｓ）などをまとめていう通称です。

基本的には、炭素でつくられたベンゼン環２つが酸素で結合したりして、それについている塩素の数や位置によって、とてもたくさんの種類があり、それぞれ、毒性がとても強かったり、弱かったりします。このため、ダイオキシン類の量は、特別な位置に４つ塩素がついた、一番毒性の強いダイオキシンと同じ毒性の強さになる量（毒性換算量、ＴＥＱといいます）で表すことになっています。

日本人は、魚や貝などの食べ物から、1日にＴＥＱとして、およそ1兆分の26～１７７グラムのダイオキシン類を体に取り込んでいるといわれています。

人が健康で暮せる量としてＷＨＯが決めている量は、1日に体重1キログラムあたり1兆分の1～４グラムです。これは、体重が50キログラムの人なら1日に1兆分の50～２００グラムになりますから、日本人はほぼ安全な状態です。

なお、ダイオキシン類を測る方法は、とてもめんどうでお金がかかります。このため著者らはダイオキシン類を簡単に測る方法を研究開発して提案しています。

また、塩素の代わりに臭素のついたダイオキシン類（臭素化ダイオキシン類といいます）も同じように強い毒性があるとされています。

しかし、塩素と臭素が混ざったダイオキシン類は４６００種類もあるので、ひとつずつ測ることはできません。そこで、著者らはダイオキシン類とその仲間の化合物をまとめてダイオキシン類似ハロゲン量として測る方法をいくつか提案しています。

これらをうまく使えば、ダイオキシン類の高い測定費用が安くなり、ダイオキシン類とその仲間を効率的に減らせます。

空き缶やペットボトルが多すぎる

●大量に販売される缶・ペットボトル

２０２１年に販売されたジュースやビールなどの缶は、飲み物用のスチール缶が約45億本、アルミ缶が約２１８億本といわれています。

また、ペットボトルに入ったジュースやお茶などの飲料は年間１億６６３９万キロリットル分、２３０億本販売されているとされています。１人あたり年間約１９０本も使っています。

ガラスビンは重くて、割れることもあるため、近年ではペットボトルの割合が増えてきています。

このペットとは、ポリエチレンテレフタラート（略号：ＰＥＴ）というものの略称です。このペットは不純物が非常に少ない高級なプラスチックですから、使い捨てするのはとてももったいないことです。このため、ペットボトルは軽量化が進められています。

また、２０２１年のリサイクル率も国内と国外輸出分をあわせて88・5％になっています。

しかし、見方を変えると、約11・5％、26億本以上が捨てられていることになります。

最近は、ペットボトルの代わりに紙パック入りの飲み物なども流通してきていますが、まだペットボトルのほうがはるかに多い状態です。

なお、しょう油や食用油もガラスびんの他にペットボトルに入れて売られています。

自動販売機はそんなに必要なのか

● 町中の自動販売機

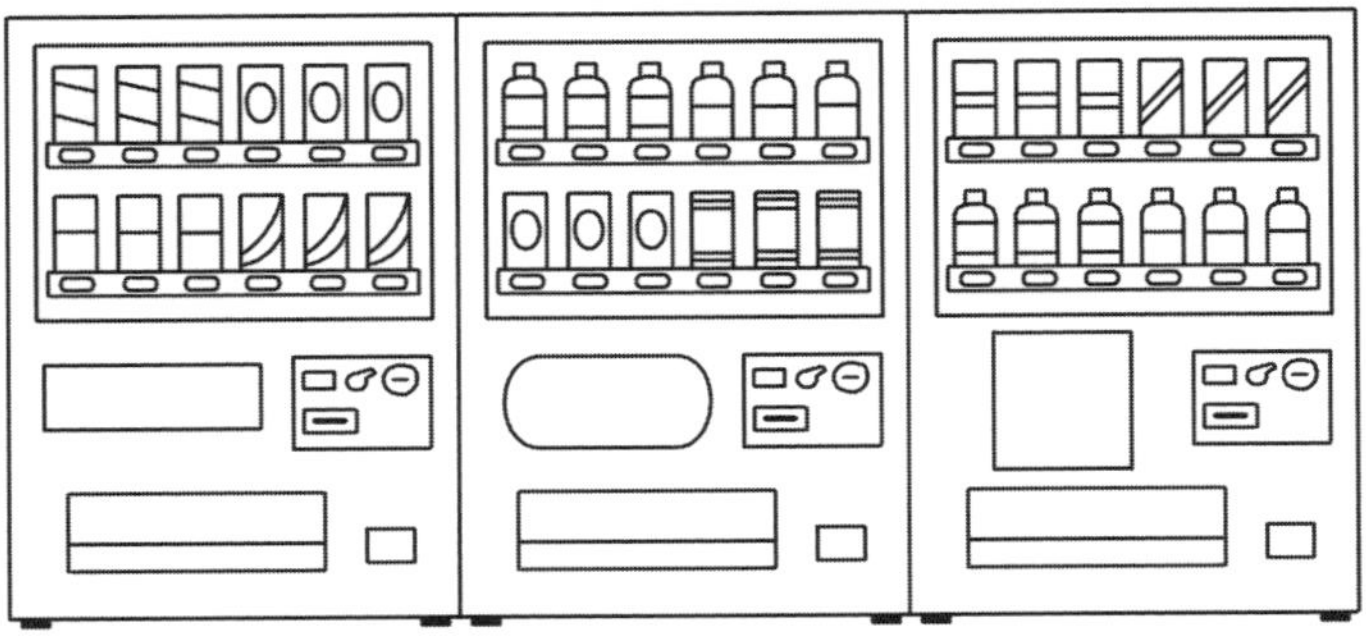

日本には、２０２０年時点で、約４０５万台もの自動販売機があり、そのうち約２２８万台が飲み物用です。

かなり高い山の上にまで自動販売機があります。

この数は人口あたりで世界一多い数です。

また、夏は冷たくし、冬は暖かくするためのエネルギーも必要です。

本当に人口あたり世界一の数の自動販売機が日本に必要でしょうか。例えば、ヒマそうにしている店員さんがいる店の横にある自動販売機は設置する意味があるのでしょうか。

また、同じ飲み物をスーパーや量販店で買うと、自動販売機の半分程度の値段で買うこともできます。

飲み物をマイボトルに入れて持ち歩いている人も少しずつ増えています。

特別なとき以外は自動販売機を使わないで暮しましょう。

リサイクルは進んでいるのか

使い終わったビンなどを洗って再利用することをリユースといい、形を変えて素材を再利用することをリサイクルといいますが、混同されていることもあります。

新聞紙はトイレットペーパーなどにリサイクルされ、リサイクル率は、２０２１年には90％以上になっています。

ダンボールを含めた紙のリサイクル率は、２０２１年には約81・１％になっています。

しかし、ダンボール以外の紙へのリサイクル率は60％程度です。

まだ、ダンボール以外には、新しい木からつくられる紙が多く使われていることがわかります。

一方、アルミ缶のリサイクル率は、２０２１年度には約96・６％、スチール缶のリサイクル率は、約93・１％、ガラスビンはビンのまま再商品化することもありますが、リサイクル率は、約73・４％になっています。

また、ペットボトルのリサイクル率は、２０２０年度には約88・５％となっています。

なお、家庭電化製品（略称：家電）と電池のリサイクルについては、１５９ページに示しました。

建物を壊したときのコンクリートや木やプラスチックのリサイクルが進められています。

これらのリサイクル率を高めるためには、使用後のほぼ同じ品質のものをどれだけ集められるかが重要になります。

ただし、集めるにも、リユースやリサイクルするにも、エネルギーや水や薬品などを必要とします。

何でもリサイクルすれば環境に良いわけではありません。リサイクルが本当に環境に良いことかどうかをしっかりと評価した情報を公開してもらい、また、私たちが情報を手に入れて考えることも大切です。

世界はどう取り組んでいるのか

ドイツでは、ＤＳＤシステムという容器包装のリサイクルシステムが確立されています。これは、容器包装を扱う製造業者と販売業者が共同で出資してＤＳＤ社という会社を設立し、ドイツ政府や自治体の支援を受け、事業者の責任で回収するというものです。

また、学校で使うノートなどの紙類は１００％再生紙を使うなど、子どものころから環境問題についてのしっかりした教育をしています。

韓国でも、ドイツの事業者責任による回収制度を取り入れ、1回限りの使い捨て容器に規制をかけています。具体的には、レジ袋の有料化、飲食店での使い捨てカップの禁止、ホテルでの使い捨て歯ブラシの使用禁止などが行われています。

デンマークでは、1回限りの使い捨て食器類などに、30％以上もの税金を取るなどして、いわゆる4Rに力を入れています。

● 資源をムダにしないための４つのＲ

この4Rとは、Refuse（リフューズ）、Reduce（リデュース）、Reuse（リユース）、Recycle（リサイクル）のことです。

リフューズは、不要な容器や包装はいりませんと断ることです。例えば、マイバッグをもって行ってコンビニやスーパーなどでレジ袋などを断ることです。

リデュースは、ゴミを減らすことです。例えば、シャンプーやハンドソープなどについて、容器入りのものではなく詰め替え用を使うことなどです。

リユースは、まだ使えるものを捨てずに、修理するなどして使い続けることです。例えば、故障した自動車を修理して使ったり、古着を他の人に使ってもらったりすることです。

リサイクルは、捨てたゴミの中から、利用できる資源を再利用することです。例えば、家庭用電気・電子製品であれば金・銀・プラチナ、そのほかの金属類（都市鉱山ともいわれています）を回収したり、ペットボトルや空き缶、ダンボールを回収してリサイクルすることです。

また、オランダは、４Ｒの先進国として知られています。

資源が少ない日本も、これらの国を見習って、４Ｒを進めることが期待されています。

地球にやさしく暮そう

暮しの中で、次のようにするとゴミが減り、有害物質も減って、地球にやさしくなります。

105 自分の家や学校やビルにアスベストが使われていないか調べる。

106 家や学校やビルを壊すとき、アスベストをまきちらしていないか、分別しているか注意する。

107 裏の白い紙は、下書きやメモ、プリンターの試し印刷などに使う。

108 必要のない広告の紙や冊子は受け取らない。

109 新聞紙、広告、ビラ、雑誌、ダンボールなどの紙は、必ずリサイクルに出す。

110 古着やボロきれも、リサイクルに出す。

111 缶やビンや紙パックに入ったものを買ったら、飲んだり使った後はリサイクルに出す。

112 使い捨てのコップや皿、ナプキンなどをなるべく使わない。

113 ティッシュペーパーをムダに使わないで台ふきやぞうきんを使う。

114 トイレットペーパーやノートなどは再生紙からできたものを使う。

115 牛乳パックなどの紙パックを回収したり、紙パックからハガキなどをつくってみる。

116 買い物をするとき、買い物袋かポリ袋をもって行き、いらない包み紙やポリ袋を受け取らない。

117 何重もの包装や必要のないポリ袋に入れるのを断る。

118 コマーシャルにおどらされず、買う前に、本当に必要か、今もっているものの修理ができないかを考える。

119 使わなくなっても、まだ使えるものは捨てず、不用品交換サイトやバザーなどに出したりする。

120 台所の生ゴミはなるべく堆肥製造器に入れたり、うまく庭やプランターの土の中に入れ、堆肥にする。

121 自動販売機をなるべく使わない。

122 お茶や飲み水は、ペットボトルに入ったものを買わず、空きペットボトルやマイボトルに入れて持ち歩く。

このようにすると、環境を守ることだけでなく、お金をムダにしないことにもなります

「もったいない」という世界に自慢できる日本人の精神を行動で示しましょう。

Part 9

食料・食品は今のままでよいのか

日本では、お金さえ出せば世界中の食品を
食べられるようになっていますが、捨てられて
いる食品もとても多くなっています。
一方で、世界でも、日本でも、
食べるものがない人たちがたくさんいます。
今のままでよいのでしょうか。
食べ物を大切にし、薬剤添加を減らしましょう。

日本の食料自給率はどうなっているのか

●2020年度の食品・食料の輸入の割合

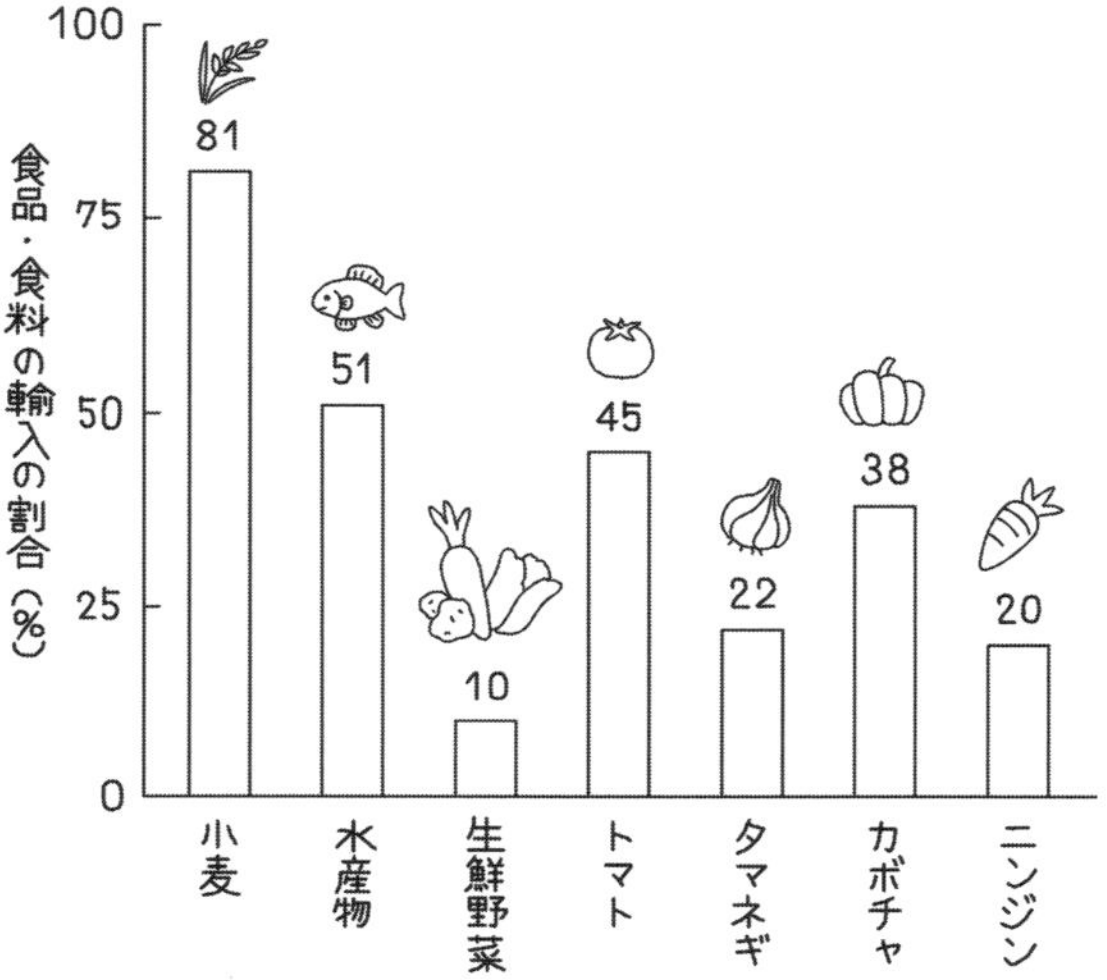

私たちの食べ物のうち、米以外の多くは輸入されています。

２０２０年度の消費者向の金額では、例えば、パンやうどんの原料となる小麦は、約81％が輸入されています。輸入先は、アメリカが約58％、カナダが約21％、オーストラリアが約20％で、これらの３ヶ国で99％を占めています。

魚などの水産物は、約51％が輸入されています。日本の船でとってきた魚などは約40％、養殖魚などが約10％となっています。

長持ちしない生鮮野菜は、国産品が90％となっていますが、保存できるトマトは45％、カボチャは38％、タマネギは22％、ニンジンは20％が輸入されています。

輸入元は中国からが多く、生鮮野菜の約62％、冷凍野菜の約41％が中国からとなっています。

塩蔵野菜、乾燥野菜、酢調製野菜、その他調製野菜等もいろいろな国から90％近くが輸入されています。

● 身近な小麦製品

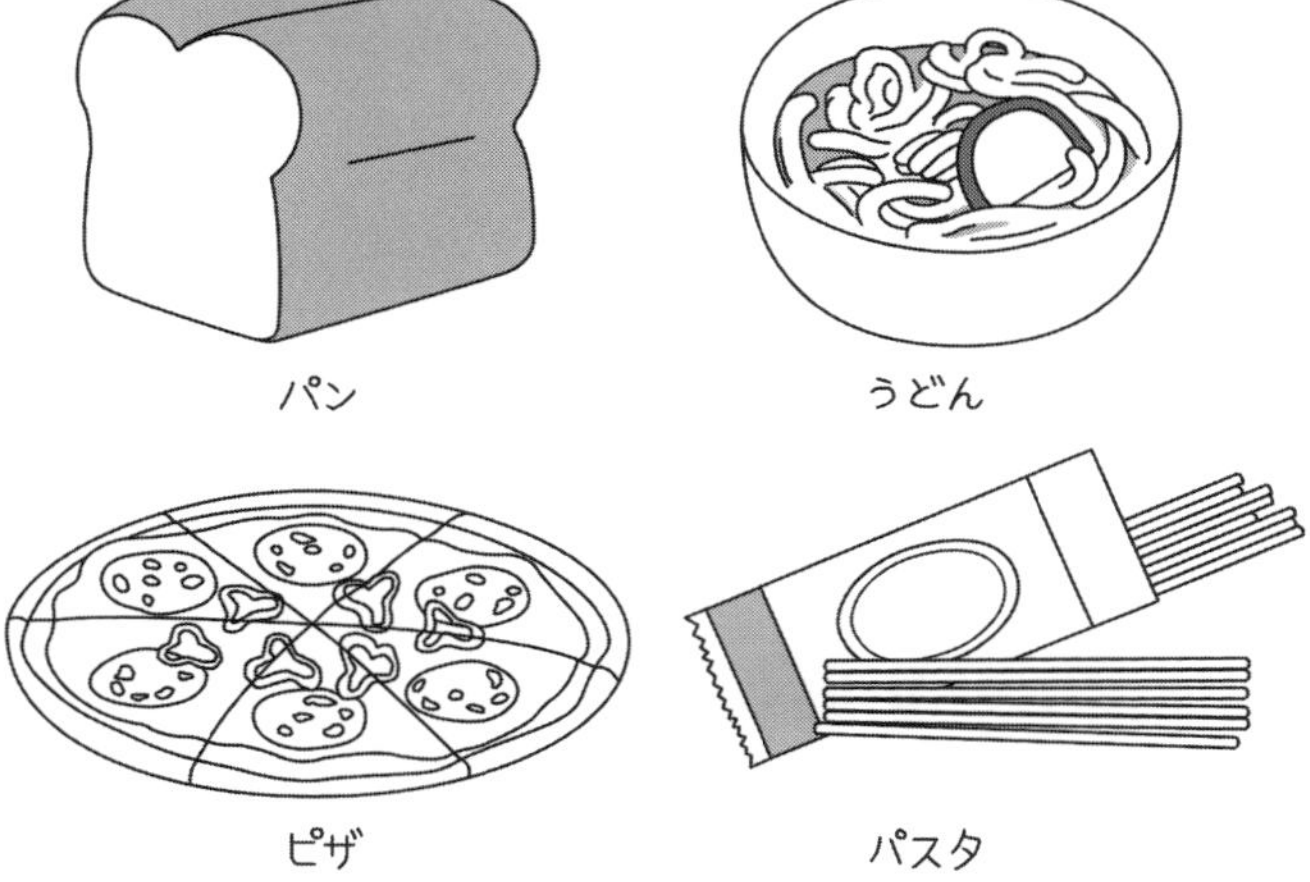

とくに、米や麦などのエネルギー源となる穀物の国産の割合（カロリーベース自給率といいます）は、１９６５年ころは73％でしたが、２０２０年度には約37％に減ってしまっています。

ただし、主食のお米は、農家を守るために、政府が輸入の割合を少なく保って国産米を高く買い、輸入外国米に高い税金（関税）をかけています。

しかし、これが自由貿易協定（略称：ＦＴＡ）の原則に違反すると米国などから反発され、関税を下げる方向に圧力がかかっていますが、主食の米の自給率を守る必要があるとして、今でも1キログラムあたり４００円もの関税がかかっています。

関税がないと、田んぼの面積が小さい農家は大変になります。

いくつかの農家がまとまるか、野菜などお米以外のものをつくることが必要になります。

食料資源はどうなっているのか

食料には、主食とする米、小麦、大麦、トウモロコシなどの穀物類、副食とする野菜類、果物類、魚介類、肉類などの生鮮食品とそれらの加工食品、および菓子類などがあります。

穀物類の世界的な生産量は、１９７０年には１９００万トンでしたが、２０２１年には27億５０００万トンに増えています。また、果物や野菜類などの畑の作物の生産量も増えています。

これらは、農業技術の向上によって耕地面積あたりの収穫量が増えてきたことのほかに、森林を耕地に変えたことにもよります。

しかし、森林の減少は、多様な生き物のすみかの減少にもつながっています。

また、地球温暖化によって異常気象が増え、局地的に収穫量が大幅に減るリスクもあります。

世界の漁獲量も大幅に増えて、天然魚が大幅に減少してきたため、養殖魚が多くなってきています。

しかし、養殖のためのエサが湖や海を汚すことに注意する必要があります。

また、食肉などになる家畜に対して、穀物をエサとすることが増えています。

肉1キログラムをつくるのに、穀物が5～10キログラム必要なので、食肉の消費量が増えると穀物の消費量がすごく増えます。

とくに、中国での魚や肉の消費量が急に増えてきているので、将来の食料資源が心配です。

一方、世界の飢餓人口は約8億２０００万人以上、1日に約2万４０００人が食べ物がなくて命を落としています。

日本でも貧富の差が大きくなり、２０１９年には１９５７人が食べ物がなくて亡くなっています。

それなのに、「賞味期限」が過ぎると捨てられる食品も多くあります。

食品を食べ残さないこと、少なくとも、残りを家畜のエサや肥料にすることが重要です。

コラム

食品廃棄物が多すぎる

環境省によると、日本では、２０１８年度に２５３１万トンもの食品廃棄物と約６００万トンの食品ロスが出ています。１人あたりだと約２４６キログラムにもなります。日本は、世界で一番食べ物を捨てている国だといわれているのです。

日本の食品廃棄物・食品ロスのうちの約33%は、家庭の台所から出るもので、食べ残しや手つかずの食品です。

また、コンビニが２０１９年度に捨てた消費期限・賞味期限切れ（あるいは間近）の食品は約25万トン分にもなるといわれていました。

スーパーなどでも同じことが行われ、ファーストフードやファミリーレストランなどでも膨大な量の食べ物が、まだ食べられるのに捨てられていました。このため、２０００年に食品リサイクル法が制定され、何回か改正されました。

これによって２０２０年度の日本の事業系食品廃棄物約１６２４万トンのうち、約１７７万トンが飼料、約８６４万トンが肥料に再利用されるようになりました。

しかし、家庭からの７５４万トンの食品廃棄物のうちで再利用されたのは55万トンしかありません。

なお、世界でも食料の約3分の1が捨てられています。

一方、世界では8億人を超える人々が食料不足に苦しんでいます。また、飢えや栄養不良による病気で毎日およそ2万4０００人、とくに年間およそ３００万人もの子どもたちが命を失っているといわれています。

人口が増加して食料の生産が追いつかない国、戦争や紛争などで食料の生産ができない国、天候不順や災害などによって食料生産が極端に減ってしまった国などがたくさんあります。

世界の人口は現在約80億人、世界の穀物生産量は約27億トンで、1人あたり1日に最低限必要な穀物の量は４５７グラム（年間１６７キログラム）といわれているので、約１６２億人分の穀物が生産されているはずです。

しかし、穀物のおよそ半分が食肉生産のための家畜飼料などに使われ、捨てられる穀物も多く、食料不足に悩む人々には届いていない状態です。

コラム

世界の上位10人が、下位の31億人分の富をもっている

国際非政府組織（ＮＧＯ）のオックスファムは、世界で最も裕福な10人の資産が、合計３・７８兆ドルで、世界人口のうちの下位40％（約31億人）の資産の合計額を上回る報告書を発表し、貧富の差が大きいと指摘しています。

なお、中国とインドの新たなデータについては、世界人口のうち下位半分の資産額が当初の予測よりも少ないことを示唆《しさ》しているとしています。

また、この報告書では、多くの労働者の収入が伸び悩んでいるのに対し、富裕層10人の資産は２００９年以降、増加し続け、１秒間に１万５０００ドル増えているとしています。

さらに、この報告書では、富裕層トップの多くが自らの富を維持・拡大するために、多額のお金を積んで政治家に働きかける人（ロビイストといいます）を雇っているなどと指摘しています。

さらに、税金が安いか、税金がかからない地域（タックスヘイブンといいます）などの利用による税金逃れも所得格差の拡大の原因のひとつだとして、裕福な個人と企業の税率の引き上げや、法人税を引き下げるような国家間の競争の取りやめを求めています。

オックスファムでは「大半の人々にとって、より有益な資本主義の運営方法がある」ので、今までの弱肉強食の資本主義を変えるべきだと提案しています。

なお、日本は、貧困率（世帯の等価可処分所得が中央値の半分未満の世帯員の割合）が15・７％で、先進24ヶ国の中で3番目に多くなっています。

また、格差の程度を表すジニ係数は日本では２０１４年まで増加し、２０１７年にやや減少しましたが、税金や公的な現金給付を補正した再分配所得ジニ係数は、37か国中17番目、Ｇ７の中では4番目で、格差が拡大の方向に向かっています。

食品添加物が増え続けている

食品添加物とは、食品衛生法という法律で、「食品の栄養価を保持させるもの、特定の食事を必要とする消費者のための食品の製造に必要な原料又は成分を供給するもの、食品の品質を保持し若《も》しくは安定性を向上するもの、味覚、視覚等の感覚刺激特性を改善するもの、あるいは食品の製造、加工、調理、処理、包装、運搬又は貯蔵過程で補助的役割を果たすもの」と定義されています。

また、厚生労働大臣が、薬事・食品衛生審議会の意見をきいて、「人の健康を損なうおそれのないと定めた場合を除いては、添加物（天然香料および一般に食品として飲食に供されているものであって添加物として使用されるものを除く）、並びにこれを含む製剤および食品は、販売又は販売の用に供するために、製造、輸入、加工、使用、貯蔵、若しくは陳列してはならない」としています。

さらに、食品安全衛生法によって、食品の安全性の確保についての基本事項が決められています。

食品添加物は、長年使用され、品目が決められた既存添加物、厚生労働大臣が安全性と有効性を確認して指定した指定添加物、および天然香料と一般飲食物添加物に分けられています。

これらのうち、既存添加物名簿に書かれている３６５品目と天然香料や一般に食品として使用されている一般飲食物添加物は指定なく使えます。

なお、新しく使われる食品添加物は、天然、合成の区別なく、安全性の評価をもとに、厚生労働大臣の指定を受けて指定添加物とされます。

この指定添加物は、２００１年には３３８品目、２００５年には３５７品目、２０１５年には４４９品目、２０２２年には４７４品目と増え続けています。

残留農薬は大丈夫なのか

●食べ物に残った有害な残留農薬

農薬が食品に残ると、人や家畜に害を与える可能性があります。

このため、厚生労働省が作物に残る農薬の許容量を決め、農林水産省がこの残留農薬量を超えないような農薬の使い方を示しています。

しかし、これらが守られていない場合がないか心配されています。

また、輸入食品の残留農薬は、検疫所というところで約9%が抜き取り試験されていますが、ときどき違反が見つかります。

さらに、各国の基準が違うため、自由貿易協定などでしばしば問題になっています。

農薬を使わなかったり、減らしたり、人に対して毒性が低い農薬をつくったり使うことなど、農家や食べる人の安全と安心が得られるように、これからも関係者が努力を続けることが求められています。

世界はどう取り組んでいるのか

食料のうちで、エネルギー源となる穀物の２０１８年の自給率は、ブルガリア、パラグアイ、アルゼンチン、ウクライナ、オーストラリア、ラトビア、リトアニアが２００％以上、カナダ、ルーマニア、カザフスタン、ロシア、エストニア、フランス、スロバキアなどの31ヶ国が１００％以上ですが、日本は28％（カロリーベースでは37％）で、大部分を輸入に頼っています。

また、農作物の残留農薬については、作物の種類と農薬の種類によって、日本より厳しい国とゆるい国がありますが、全体的には大きな差はないといえます。

ただし、ミツバチなどへの害が疑われているネオニコチド系の一部の農薬については、日本では残留基準の大幅緩和や新規承認がされていますが、ＥＵではより多くの農薬が未承認または失効とされています。

食品添加物については、ＥＵではE番号という番号で管理され、３３５種類が認められています。この数は、日本やアメリカより少ないですが、「食品の保存や安定化などを目的として添加されるもの」と狭く定義されているためです。

例えば、香料や栄養素、酵素などは、ＥＵでは食品添加物に分類されていません。日本やアメリカでは、これらも食品添加物とされているので数が多くなっています。

とくに、アメリカで食品に添加してもよいものは、およそ５０００種類前後もあるとされています。これには、香料や食塩などの調味料も含まれています。

日本で食品添加物とみなせるものは８２８種類です。

なお、アメリカは１６１２品目ですが、日本では食品添加物には該当しないものも多くなっています。

このように、国によって認められている食品添加物の範囲が違いますので、比較する場合にはよく注意する必要があります。

地球にやさしく暮そう

●様々な化学物質が食べ物を汚す

次のようにすることが、食べ物の安全と安心を得るために大切です。

123 農薬にはどんな種類があり、どこで使われているかを調べてみる。

124 なるべく無農薬または低農薬でつくった国産の穀物を食べる。

125 みかけが悪くても、無農薬または低農薬の野菜や果物を買う。

126 季節の野菜を食べ、残留農薬の多いイチゴ、ホウレンソウ等はよく洗って食べる。

127 庭やベランダなどで農薬を使わずに野菜をつくる。

128 化学肥料にはどんな種類があり、どこでどのくらい使われているかを調べてみる。

129 薬品をあまり使わないでつくったことが表示されているブタ肉やトリ肉、養殖魚をなるべく買う。

130 添加物のたくさん入った食べ物をなるべく買わない。とくに、輸入食品には気をつける。

Part 10

アレルギーは減らせるのか

最近、アレルギーの人が増えています。
その原因は何でしょうか。
どうやって減らせるのでしょうか。
あなたやあなたの子や孫が化学物質過敏症に
ならないように監視と協力をしましょう。

アレルギー患者が増えている

● アレルギー患者数の変化
（「千葉県アレルギー対策について」より）

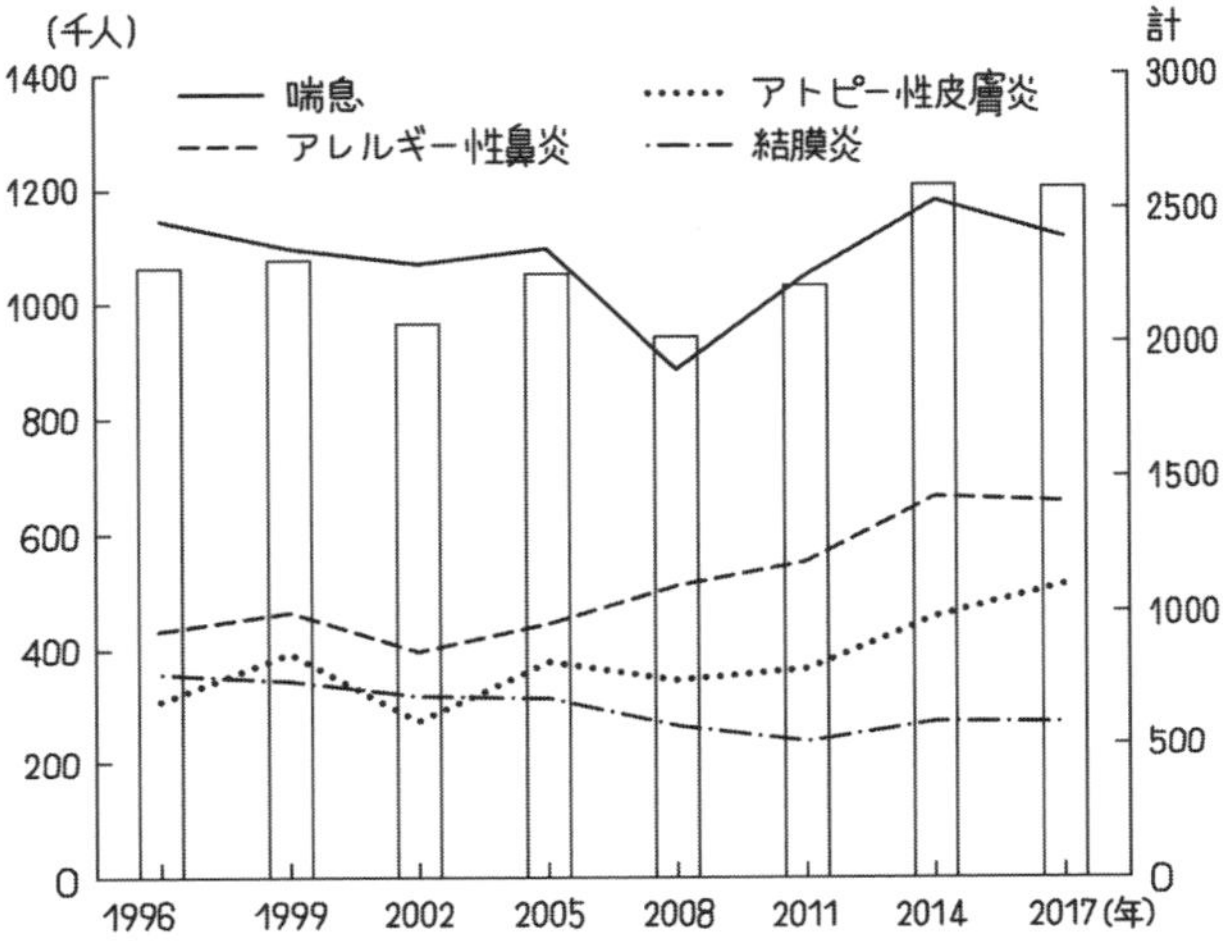

● 年齢別のアレルギー患者数
（2019 年度厚生労働省健康局がん疾病対策課のアレルギー疾患の現状等より）

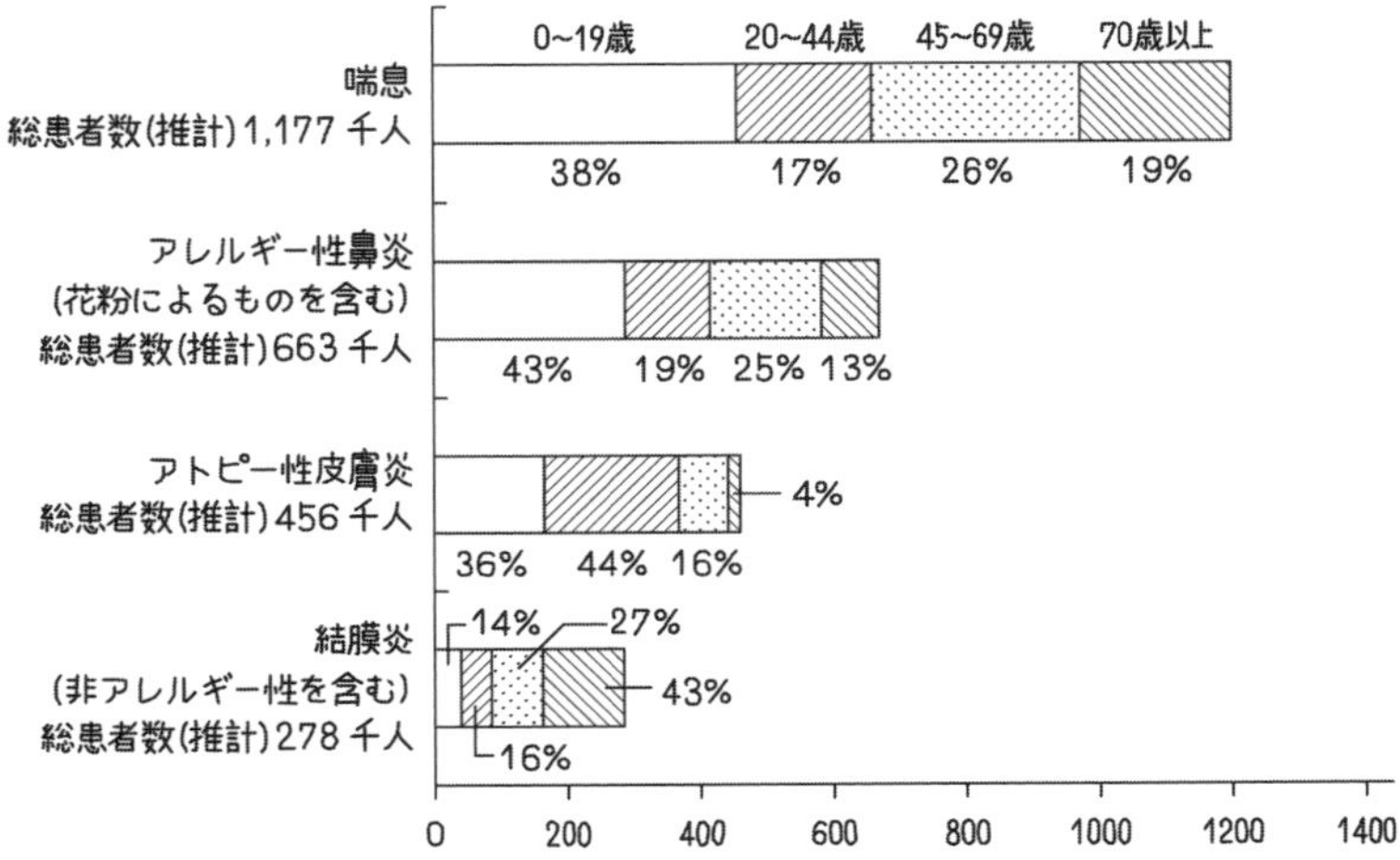

● 年齢別のアトピー性皮ふ炎の患者数

（2017年度厚生労働省患者調査の概況より作成）

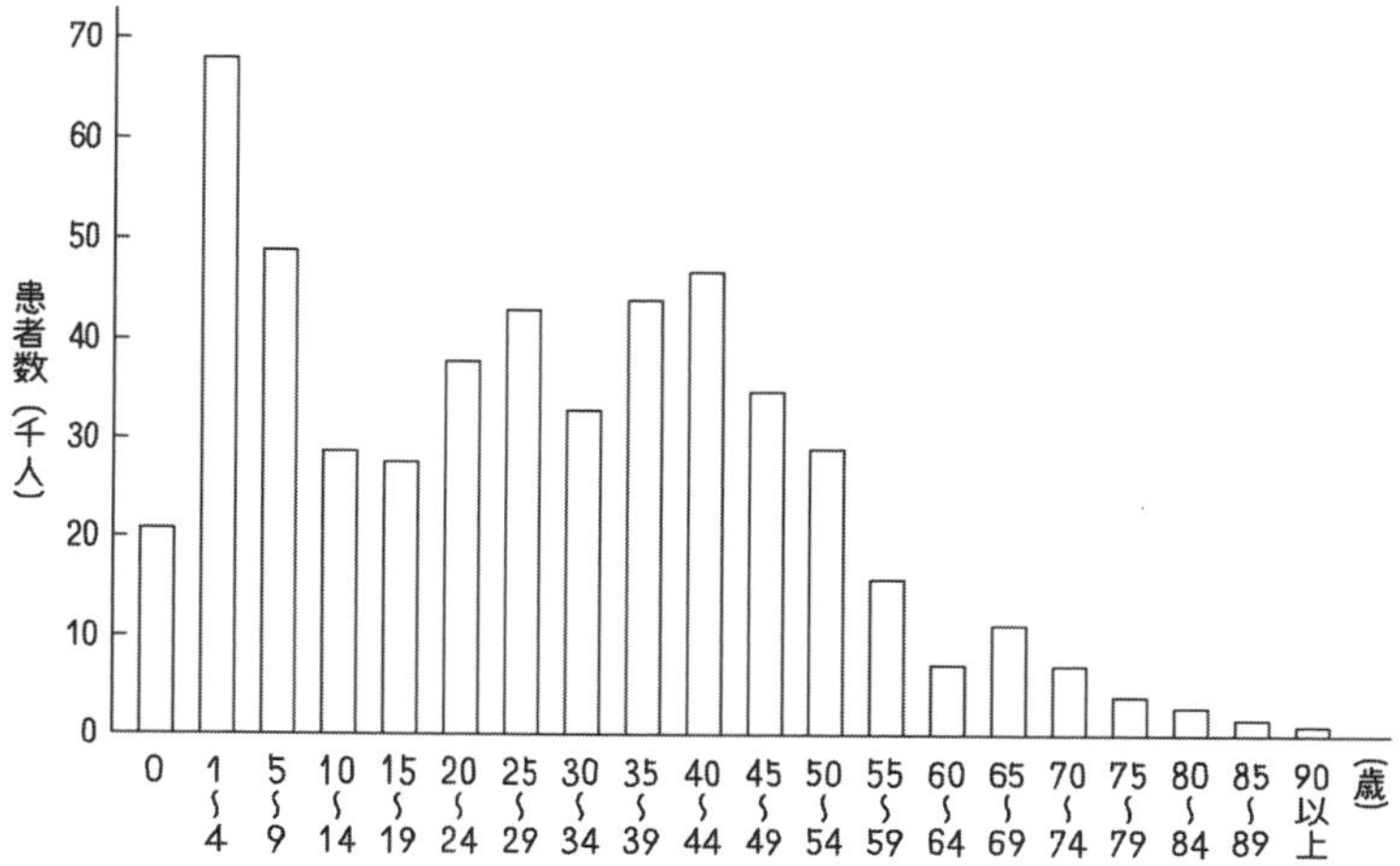

アレルギーは、体が触れるものや体に入るものに対して、体を守る作用（免疫《めんえき》作用といいます）が必要以上に働くことによって起こります。

この免疫作用は、体質だけでなく、住まいの環境や食べ物の習慣などによっても違ってくるとされています。

アレルギー性鼻炎やアトピー性皮ふ炎の人は、2002年ごろから増えてきています。

とくに、最近は、布団《ふとん》などについたダニやダニの死がいなどによってアレルギーになる人が増えています。また、生活の中で自然にない合成化学物質でできたものやその蒸気が多くなったことにもよると考えられています。

乳幼児の喘息やアトピーが多いのですが、小学生や中学生になると減り、高校生になるとアトピー性皮ふ炎が治る人もいることがわかっています。

しかし、50歳前後から鼻炎が増えます。

アトピー性皮ふ炎は、男女とも44歳以下の人に多く、各年齢層で3～5万人もいます。全年齢を合計すると、およそ45万人がアトピー性皮ふ炎になっています。

なお、55歳以上になるとアトピー性皮ふ炎は減ります。

この原因は、若い人より化学物質等に対する免疫力が強くなっているためと考えられています。

ただし、最近になって、65～74歳の男性のアトピー性皮ふ炎が増加傾向です。

これは、皮ふが乾燥して外部の刺激を受けやすくなることのほかに、糖尿病や肝硬変《かんこうへん》、腎不全《じんふぜん》などの病気で免疫力が低下することなども原因と考えられています。

コラム

化学物質過敏症とはなにか

いろいろなにおいを敏感に感じて気分が悪くなったり、プラスチック製品などにさわっただけで気分が悪くなり、場合によっては湿疹《しっしん》が出る人がいます。ひどくなると、ふつうの生活ができなくなります。

このような人を化学物質過敏症患者といいます。

しかし、この患者には、アレルギー患者が多いことから、アレルギー患者を化学物質過敏症患者と間違っている場合も多いといわれています。

また、過去に高い濃度の有機溶剤の蒸気を吸い込んで気分が悪くなったことがある人などが多いことから、精神的な不安による心因症だというお医者さんもいます。

しかし、日本でもアメリカなどでも、この化学物質過敏症の人が確実に増えているので有効な対策が必要です。

合成化学物質が急増した

● 日本のエチレン生産量の変化
（経済産業省生産動態統計より作成）

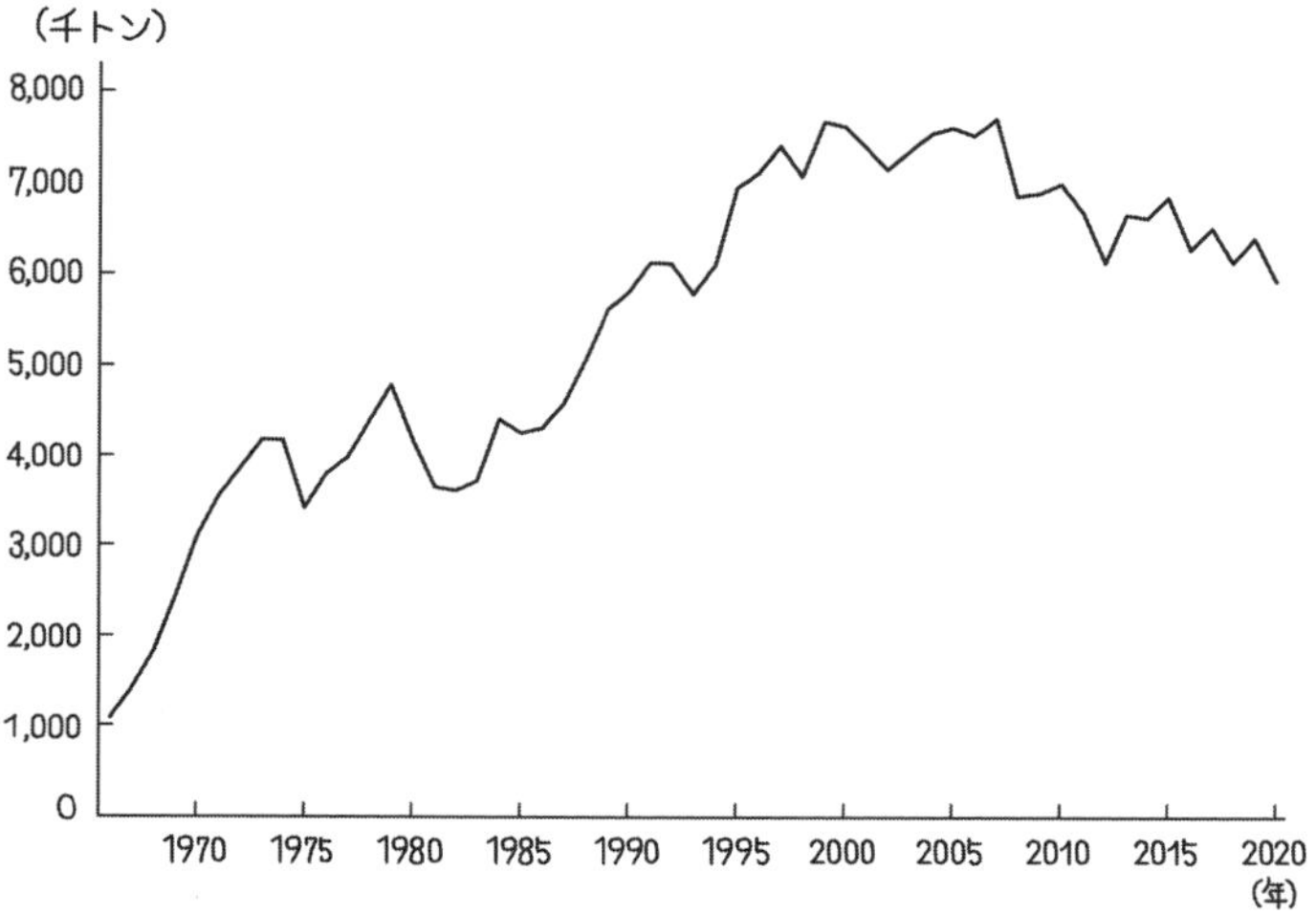

合成化学物質の主要な原料であるエチレンの生産量は、１９６０年ごろから増え続け、２０００年前後にピークとなっています。

現代人の祖先のホモサピエンスが生まれてからおよそ20万年のうち、瞬間ともいえる60年ほど前から合成化学物質が爆発的に増え、私たちは合成化学物質に囲まれた生活をするようになっています。

アメリカ化学会のケミカルアブストラクトサービスというところが、いろいろな化学物質に番号をつけて登録しています。ここには、２０２２年２月時点で１億９３００万の化合物と６９００万のタンパク質や遺伝子の配列が登録され、１日におよそ１５０００以上も増え続けています。

言い換えると、１時間におよそ６３０もの化学物質が新しく生まれていることになります。

なお、このうち、工業的につくられているのは、およそ8～10万種類といわれています。

エコチル調査とはどんな調査なのか

●エコチル調査のパンフレット
（環境省環境保健部　環境安全課環境評価リスク室作成）

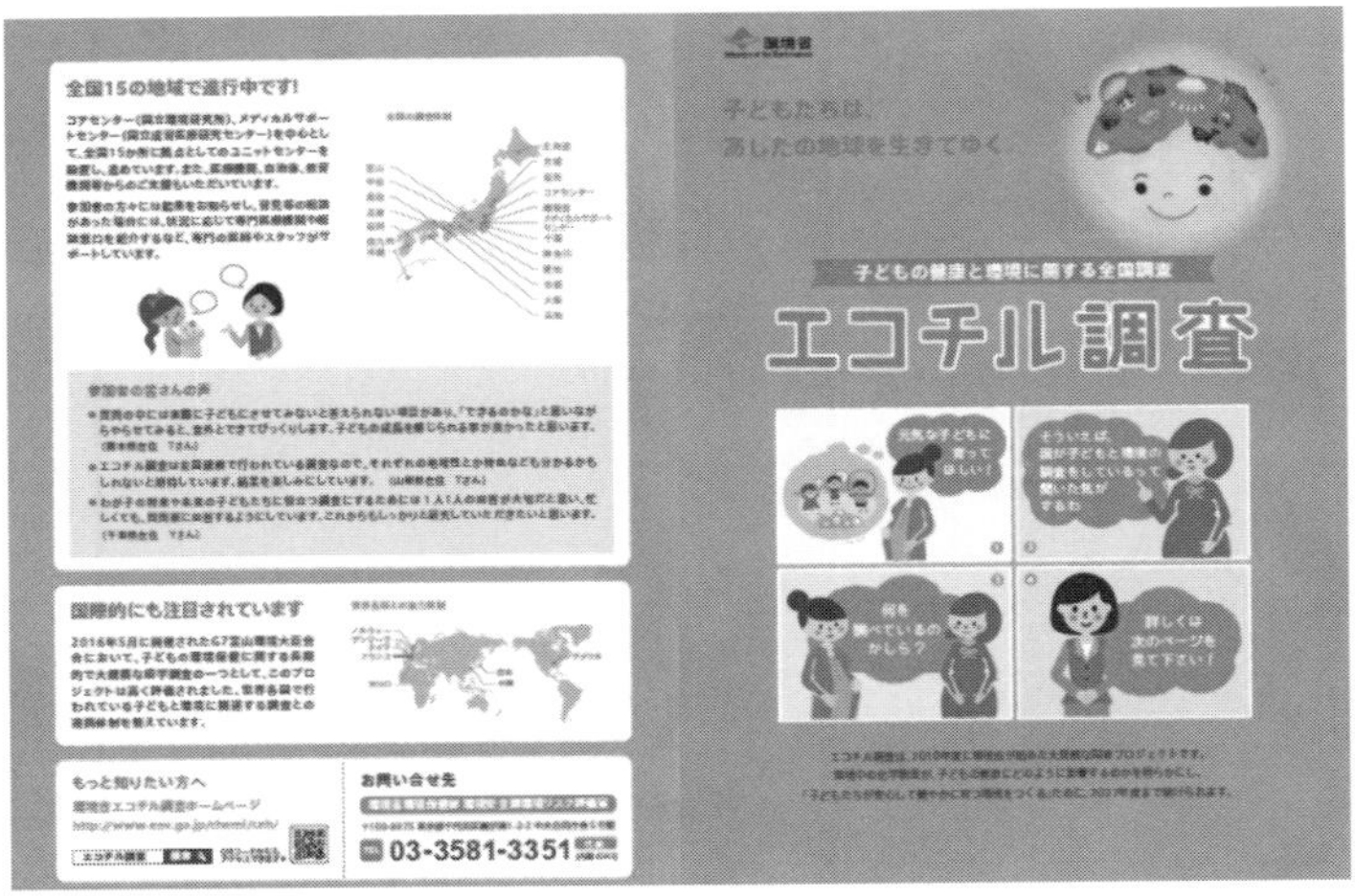

出典：エコチル調査ホームページ（https://www.env.go.jp/chemi/ceh/）

環境省は、化学物質が子どもたちに与える影響を調べるために、子どもを産む前の母親を10万人以上選び、子どもを産む前の食事や生活習慣、産んだ後の授乳、生まれた子どもたちの２０１４年から13年間の食事や生活習慣を調査して、アレルギーをはじめとする病気になる割合や治りやすさなどとの関係を詳しく調べることにしました。

この調査は通称エコチル調査といいます。このエコチル調査に関する論文が２０２２年６月現在２７０以上発表され、環境省から詳しい報告が出され、この調査のフォローアップが進められます。

なぜシックスクール・シックハウスになるのか

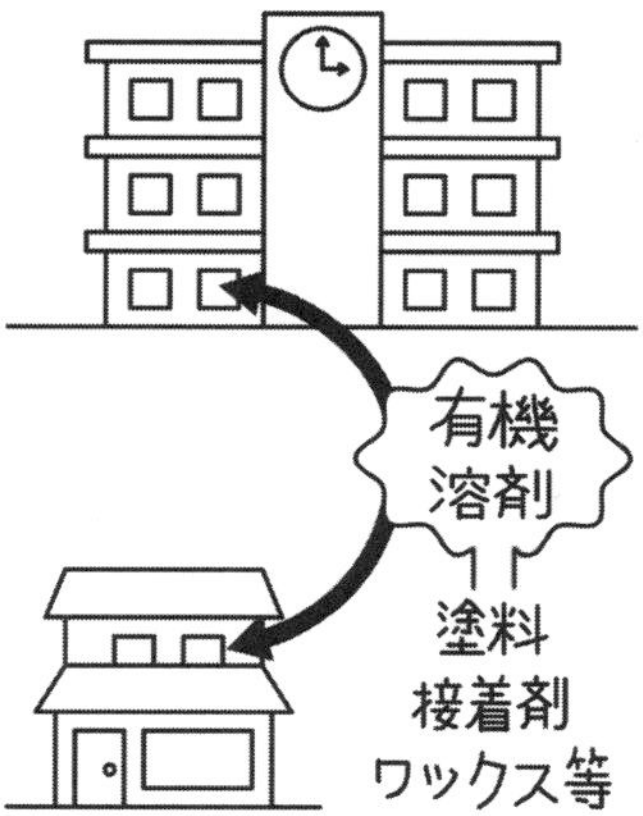

●有機溶剤は身の周りで使われている

改装・改築したり、新築した後に、生徒が気分が悪くなる学校をシックスクールといいます。

また、改装・改築したり、新築した後に、住民が気分が悪くなる住宅をシックハウスといいます。

このシックスクールやシックハウスは、使われた塗料や接着剤、またはワックスなどを溶かすために使われている有機溶剤が蒸発し、これを吸い込んだり、触れたりした人に起こります。

また、白アリを殺す薬を床下にまいたり、薬剤をしみ込ませた材木や接着剤を使った合板やベニア板などから薬剤や有機溶剤が蒸発し続けて同じような被害が起こることがあります。とくに、少し前の接着剤には、ホルムアルデヒドが入っていたので、これによる被害が多くありました。このため、最近はホルムアルデヒドが入っていない接着剤が使われるようになりました。しかし、代わりに使われた別のアルデヒドやアルコールなどで、被害が出ることもあります。

また、家だけでなく、輸入品も含めた、家具からの有機溶剤などの発生にも注意が必要です。

白アリを殺す薬も、以前使われていた毒性の強い薬は使われなくなりましたが、まだまだシックハウスになる溶剤が使われ続けています。

著者も、白アリを殺す薬を使ってから何ヶ月も、床下から塩素系の溶剤の蒸気が出てきて、具合が悪くなったことがありました。

世界はどう取り組んでいるのか

世界でも、石油や石炭などからつくられたもの以外に、動物や植物などからつくられたものを増やすようになっています。しかし、原料となる動物や植物もとりすぎると減ったり、いなくなってしまいます。

例えば、合成洗剤も石油からつくったアルキルベンゼンスルホン酸塩というものの代わりにヤシ油からつくったアルファオレイン酸塩などが使われてきていますが、ヤシ油をつくるために森林が伐採されることがあります。

また、動物や植物を使えるまで大きく育てるには時間がかかります。

動植物を持続的に使うためには、長期的な計画で、育てて使うようにすることが重要です。

また、石油や石炭は植物が長い年月をかけてできたものであることをよく考える必要があります。

コラム

ＳＡＩＣＭとはなにか

いろいろな合成化学物質の悪影響が明らかになってきたため「国際的な化学物質管理のための戦略的アプローチ（略称：ＳＡＩＣＭ）」が決められました。

このＳＡＩＣＭでは、「予防的取組方法に留意しつつ、透明性のある科学的根拠に基づくリスク評価手順と科学的根拠に基づくリスク管理手順を用いて、化学物質が人の健康と環境にもたらす著しい悪影響を最小化する方法で使用、生産されることを２０２０年までに達成する」という目標で各国が戦略と行動計画をつくって実施し、フォローアップ会議が数年毎に開かれました。現在、ポストＳＡＩＣＭの検討が進められています。

ここで、予防的な取り組みがどれだけ行われるか、科学的根拠がどれだけあるかが議論になりますので、しっかりとＳＡＩＣＭの効果を見届ける必要があります。

地球にやさしく暮そう

● 合成化学物質が家の中にあふれている

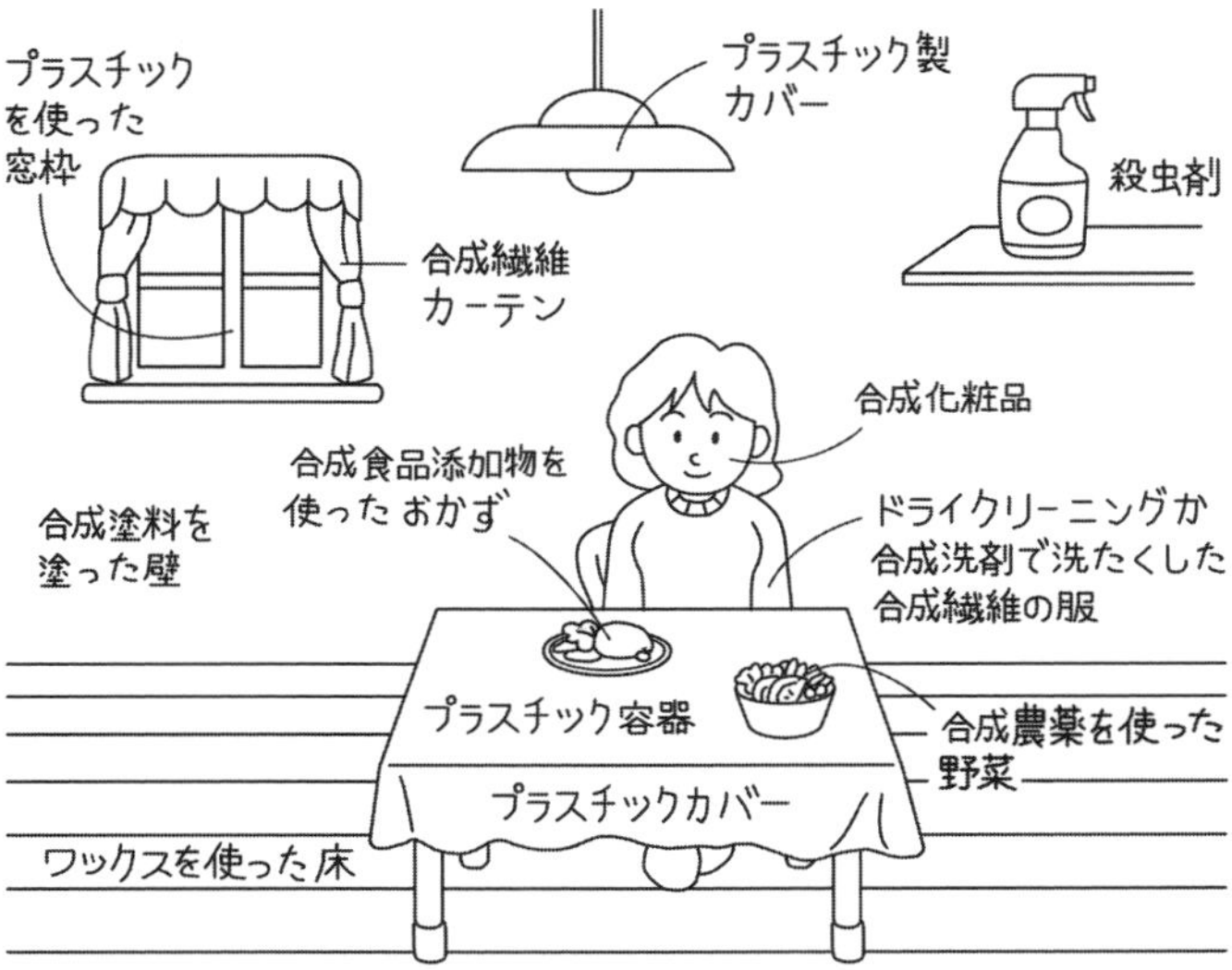

数十年前から急激に増えてきた合成化学物質に対応するために、以下のことを実践しましょう。

131 身の周りのアレルギーや化学物質過敏症の人々を理解し、それらの人に協力する。

132 できるだけ、天然物の衣類や道具を使う。

133 合成化学物質や香料でにおいのするようなものはできるだけ使わない。

134 改築、増築、新築の際に、シックハウスやシックスクールにならないように、工務店の人とよく相談する。

135 合成繊維でできた新しいものは、一度洗って、よく干してから使う。

136 ポストＳＡＩＣＭが適正に行われるように監視と協力をする。

137 アレルギーの原因になるダニなどが多くなりすぎないように、身の周りをきれいにする。

NOTE

Part
11

紛争・戦争は最大の環境破壊

紛争や戦争は環境への悪影響を全く考えずに
行われます。
このため、紛争や戦争があるところでは、
大規模な環境破壊が行われます。
協力して紛争や戦争をなくし、
環境を守りましょう。

紛争・戦争が多発している

１９９９～２００３年	リベリア内戦
２００１～２０２１年	アフガニスタン紛争
２００１年～（継続）	パキスタン紛争
２００２～２０１１年	コートジボワール内戦
２００３～２０１１年	イラク戦争
２００３年～（継続）	ダルフール紛争
２００４年～（継続）	サリン紛争
２００４年～（継続）	タイ紛争
２００４年～（継続）	ワジリスタン紛争
２００６年	東ティモール内乱
２００６年	イスラエルのガザ侵攻・レバノン侵攻
２００６年	エチオピアのソマリア侵攻
２００６～２００９年	スリランカ内戦
２００８年	第二次南オセチア（グルジア）紛争
２００８～２００９年	イスラエルのガザ紛争
２０１１年～（継続）	シリア内戦
２０１１年～（継続）	リビア内戦
２０１２年～（継続）	マリ北部紛争
２０１４年	イスラエルのガザ侵攻
２０１５年～（継続）	イエメン内戦
２０１６年～（継続）	クルド対トルコ紛争
２０１８年～（継続）	エチオピア内戦
２０２２年～（継続）	ロシアのウクライナ侵攻

共同生活をしていた原始人にはほとんど紛争がなかったといわれていますが、現代人は、宗教、人種、民族、イデオロギー（価値観）などの違いや、食料や飲み水の不足や分配、あるいは征服欲（とくに男）などによって、各地で紛争や戦争が起きています。

２０００年以降の紛争や戦争だけでも、表のようにとてもたくさんあります。この他に２０００年以前からのソマリア内戦、アフガニスタン紛争、アルジェリア紛争等も続いています。

なお、中華人民共和国内では、年間20万件近くのデモや暴動（紛争）が起こっているともいわれています。しかし、これらの紛争のほとんどは公表されていないので確かな数や規模などは不明です。

環境破壊を原因とした紛争で、環境がさらに破壊されている

●紛争は自然環境を破壊する

森の減少や砂漠化などの環境破壊の進行は、生活の場や食料を失う人々をたくさん生み出し、これらの人々の間の紛争や移住者と先住民との間の紛争を増やしています。このような紛争が、また環境破壊をもたらす悪循環が起きています。

森を守り、砂漠化を防ぐことで、生活が安定すれば紛争が減ります。木材や鉱物、および多様な生き物などの資源が豊富な開発途上国の安定化のために、先進国が住民の立場に立った支援をすることも大切です。

紛争が進むと、周辺の国や利害のある国を巻き込んだ戦争に発展し、大規模な環境破壊が行われることになります。市街地の住宅や橋などが壊されるだけでなく、食料生産のための農地、燃料源や隠れ場所となる森なども壊されます。

ベトナム戦争で、アメリカが南ベトナムの森に大量の除草剤をまいた「枯れ葉作戦」は、戦争による環境破壊の代表的な例のひとつです。

ロシアのウクライナ侵攻でもウクライナの自然環境や文化財が破壊されています。戦争は大切な環境を短期間で破壊します。また、大切な遺跡などの文化財がある地域も破壊します。

ましてや、核戦争などがあれば、市街地、農地、森林などのすべてが危険地域になり、人だけでなく、森の生態系が大混乱することになります。

世界はどう取り組んでいるのか

もうけのために、武器をたくさん売る国や企業があります。放っておくともうけるために戦争を起こすような力が働きます。

ＥＵやアメリカでも戦争に反対する運動が広がっています。しかし、朝鮮戦争、ベトナム戦争、中東戦争など多くの戦争を止められませんでしたし、ロシアのウクライナ侵攻も止められていません。

第二次世界大戦では、多くの人々が大きな犠牲を強制されました。

もし第三次世界大戦が起これば、地球環境と人類や生態系が取り返しのつかない状態になってしまいます。

日本は世界で唯一の原子爆弾の被害を受けた国です。このようなことが二度と起こらないように、日本の憲法第九条にある「戦争放棄の考え方」が守られ、世界に広げられることがとても大切です。

地球にやさしく暮そう

地球環境を守るためには、まず紛争や戦争をなくし、平和にすることが第一です。そのためには、次のようなことが必要です。

138 世界の紛争や戦争の現状を調べてみる。

139 日本が第二次世界大戦に参戦した原因について詳しく調べてみる。

140 日本の一般市民が第二次世界大戦で犠牲にしたこと、失ったことを調べてみる。

141 日本が第二次世界大戦でしたひどいことについて調べてみる。

142 平和（戦争反対）運動に参加し、戦争を止めるように働きかける。

143 軍需産業や武器の輸出や輸入の内訳について調べて広く知らせる。

144 貧しい国への支援を働きかける運動に参加する。

Part

12

地球にやさしい社会をつくるために

地球は今、人の欲による資源の浪費や
紛争・戦争でとても傷ついています。
私たちの住まいの地球を
ボロボロにするわけにはいきません。
環境を守る活動に参加したり、
活動を支援したりしましょう。

環境基本法と環境基本計画とはどんなものか

日本では、１９９３年に、国、都道府県などの地方公共団体、事業者および国民の環境保全に対する責務と基本方針を決めた環境基本法ができました。

これをもとに、５年ごとに、環境破壊や環境汚染の防止のための基本方針である「環境基本計画」を決めることになり、第四次計画では、以下の重点課題があげられています。

① 経済・社会のグリーン化とグリーンイノベーションの推進
② 国際情勢に的確に対応した戦略的取り組みの推進
③ 持続可能な社会を実現するための地域づくり・人づくり、基盤整備の推進
④ 地球温暖化に関する取り組み
⑤ 生物多様性の保全および持続可能な利用に関する取り組み
⑥ 物質循環の確保と循環型社会の構築
⑦ 水環境保全に関する取り組み
⑧ 大気環境保全に関する取り組み
⑨ 包括的な化学物質対策の確立と推進のための取り組み

さらに、東日本大震災からの復旧・復興および放射性物質汚染からの回復等が加えられています。

なお、グリーン化というのは、環境への負荷を少なくするということです。

現在の第五次計画では、①「地域循環共生圏」の創造、②「世界の範となる日本」の確立、③「環境・生命文明社会」の実現を目指すべき社会の姿として、六つの重点戦略を挙げ、これらを支える環境政策を示しています。

リサイクル関係の法律が制定されてどうなったのか

● **電気機器の回収率と電池の再資源化率**
（2021 年度経済産業省・環境省資料、電池は 2021 年度 JBRC 資料と鉛蓄電池再資源化協会資料より作成）

電気機器等	2021 年度 再資源化率（%）
エアコン	92
冷凍冷蔵庫	80
洗濯機・乾燥機	92
ブラウン管テレビ	72
液晶・プラズマテレビ	85
パソコン・ディスプレイ	76
小型家電	10.2 万（トン）

電池	2021 年度 再資源化率（%）
ニッカド電池	76
ニッケル水素電池	77
リチウムイオン電池	53
鉛蓄電池	11,439（トン）

電池の再資源化率（%）
＝再資源化物重量×金属元素含有率
÷処理対象電池重量（付属部品を除く）
×100

1991年

資源の有効な利用の促進に関する法律（通称：リサイクル法）が制定され、家電製品や自動車等のリサイクルが始まりました。

⬅

1995年

容器包装に係る分別収集および再商品化の促進等に関する法律（通称：容器包装リサイクル法）が制定されました。

⬅

1998年

特定家庭用機器再商品化法（通称：家電リサイクル法）が制定されました。

⬅

2000年

建設工事に係る資材の再資源化等に関する法律（通称：建設リサイクル法）が制定され、建設資材の分別解体と再資源化が行われることになりました。

食品循環資源の再生利用等の促進に関する法律（通称：食品リサイクル法）も制定され、食品の売れ残り、食べ残し、製造時のゴミなどについて、発生抑制や減量化と共に、家畜のエサや肥料としての再利用を進めることになりました。

2002年

使用済み自動車の再資源化に関する法律（通称：自動車リサイクル法）が制定されました。

2012年

使用済み小型電子機器等の再資源化の促進に関する法律（通称：小型電子機器リサイクル法）が制定され、携帯電話、デジタルカメラ、携帯音楽プレイヤー、ゲーム機などのリサイクルが始まりました。

パソコンやディスプレイなどはメーカーが回収・リサイクルし、２０２１年度には合計で33万台以上が回収されています。

一方、２０２１年度のエアコン、冷凍冷蔵庫、洗たく機・乾燥器のリサイクル率は、それぞれ約92％、約81％、約92％になっています。ブラウン管テレビの回収率は約72％に下がっていますが、液晶・プラズマテレビのリサイクル率は約85％です。

なお、２０１３年度に約2万４０００トンだった小型家電品のリサイクル量は、２０１８年度には約10万トンで、リサイクル率もあまり上がっていません。

電池類は有害物質を含むため、リサイクルが求められています。しかし、マンガン電池やアルカリ電池などの乾電池のリサイクル率は、正確にはわかりませんが、約70％は埋め立てされ、20％は焼却されているとされています。また、ニッカド電池は約76％、ニッケル水素電池は77％、リチウムイオン電池は53％、鉛蓄電池は41％が再資源化されています。

これらの製品について、「１００％引く回収率（リサイクル率）」は、リサイクルされずに捨てられたり、海外に流出している割合ということになります。

廃棄物は海外に輸出できないことになっていますが、使用できる中古品として輸出されるものも少なくないといわれています。

これらの中にはそのまま使用されるものもありますが、一部は、輸出先で解体され、価値の高い部分以外は捨てられているものもあり、中古品と廃棄物との判別が難しくなっています。

まずは一人ひとりの暮らしから

● みんなで地球にやさしく

「世界でも、日本でも、環境に悪いことをしている人がたくさんいるのだから、少しくらい環境に悪いことをしてもかまわない」とか、「少しくらい環境に良いことをしても、大して役に立たない」という人がいます。

でも、殺人や強盗をするようなとても悪い人がいるからといって、ドロボウやスリをほっといてよいわけはありません。

良くないことは少しでも減らすように、一人ひとりが努力することで、安全で安心できる社会ができるのです。

ここまでに書いた、地球にやさしく暮す方法を表にまとめて整理してみました。まず、この中でできることからやってみましょう。

● 地球にやさしい暮し方のまとめ

暮し方	主な効果	例
電気・ガス・ガソリンなどのエネルギーを大切にする	地球温暖化を減らす 酸性雨を減らす 大気中の発ガン性物質を減らす	電気製品を上手に使う（エアコン、冷蔵庫など） エネルギーをあまり使わない家庭用品を選ぶ 熱を逃がさない（家の壁や窓、風呂など） 車をひかえめに、上手に使う（自転車利用など） 太陽光を上手に使う（温水器、太陽光発電など）
ゴミをなるべく出さない	地球温暖化を減らす 資源を大切に使う 森を守る 生き物を守る	買い物をしすぎない（コマーシャルにのせられない） いらないものを受け取らない（包み紙、袋など） 使い捨て商品をなるべく買わない（紙コップなど） 貸し借り、交換をする（雑誌、古本、古着など） リサイクルできるものを捨てない（紙、缶など） ゴミをうまく使う（堆肥、ハガキづくりなど）
自然の中で光や微生物などによって分解されにくい薬品を使わない	オゾン層を守る 大気中の発ガン性物質を減らす 川や湖や海の汚れを減らす 土や地下水の汚れを減らす アレルギーや過敏症を減らす	フロンを出さない（冷蔵庫、カーエアコンなど） 殺虫剤、殺菌剤、除草剤などをなるべく使わない 洗剤やプラスチックを選び、使いすぎない いきすぎた清潔症にならない（シャンプーなど） 低農薬商品を買う（野菜、果物など） 無添加食品を買う（肉加工品、おかしなど） ペンキは水性塗料を使う
自然に親しみ、自然を大切にする	川や湖や海の汚れを減らす 森を守る 生き物を守る	川や湖や海に行って、汚れと生き物を調べてみる 山や森や林に行って、植物や動物を調べてみる 身近な公園や庭の植物や鳥などを楽しむ 虫や微生物の役割を調べてみる 山や川や海を汚さない（生活排水、ゴミなど） 生き物を大切にする（草花、木、虫、鳥など）

● 学校、地域での活動

学校や地域で活動しよう

一人ひとりの暮し方を工夫することは、とても大切ですが、仲間といっしょにすれば、もっとやりやすく、もっと効果が大きくなります。学校、子ども会や町内会、生協や農協などでも、次のような地球にやさしい活動をしましょう。また、活動に楽しい名前をつけたり、がんばった人に点数をあげて、点数がたまったら賞状を渡すなど、楽しみながらやれる工夫をするとよいでしょう。

エネルギーのムダ使い探し運動をしよう

学校や町や村で、昼間ついている電灯、効きすぎている冷房や暖房、近所への車での移動などのムダ探し活動をしましょう。

太陽熱温水器や太陽光発電などの自然エネルギーを活かす製品や工夫には、どんなものがあるかを調べ、本当に良いものをみんなに知らせる活動をしましょう。

自然エネルギーから発電した電力を使おう

太陽光発電や風力発電、波力発電、地熱発電などの自然エネルギーによって発電した電気を売っている会社を調べて利用しましょう。

ゴミを減らす活動をしよう

使い捨てのものをなるべく買わない活動やリサイクル商品を買う活動をしましょう。

古新聞、古雑誌、ボロ、空き缶、空きビンなどの廃品回収の大切さをみんなに知らせて協力してもらいましょう。

衣類などをできるだけ長く使い、古い制服やカバン、古自転車、古本、使わないもらいものなどをバザーや不用品交換会で活かしましょう。

身の周りの化学薬品を調べる運動をしよう

身の周りのどこで、フロン、農薬、家庭用の殺虫剤、殺菌剤、除草剤、洗剤、食品添加物などが使われているのか、本当に必要なのか、安全なのか、上手に使い、上手に捨てるにはどうしたらよいのかなどを、みんなで勉強しましょう。

自然を調べ、自然に親しむ楽しみを広げよう

小さな溝《みぞ》から川や湖や海まで、水の流れをたずねて、そこに暮らしている生き物と汚れを調べる会に参加してみましょう。

また、森林や山に行って、木が出す植物ホルモンや木の香りを吸って（森林浴といいます）、木や草花の季節による変化、昆虫や鳥などとの関係、周りの環境との関係などを調べる会に参加してみましょう。

環境を守る社会活動に協力し、参加しよう

環境にやさしい会社の品物を買うように心がけ、世界の環境問題に取り組んでいる自主的なグループや地域の環境を守るグループの活動に参加したり、協力したりしましょう。

生活協同組合（略称：生協）に参加し、本当に環境に良い商品を売っているのか、環境を守る活動をしているかチェックしましょう。

情報公開法やＰＲＴＲ法を活かそう

● PRTR制度の仕組み

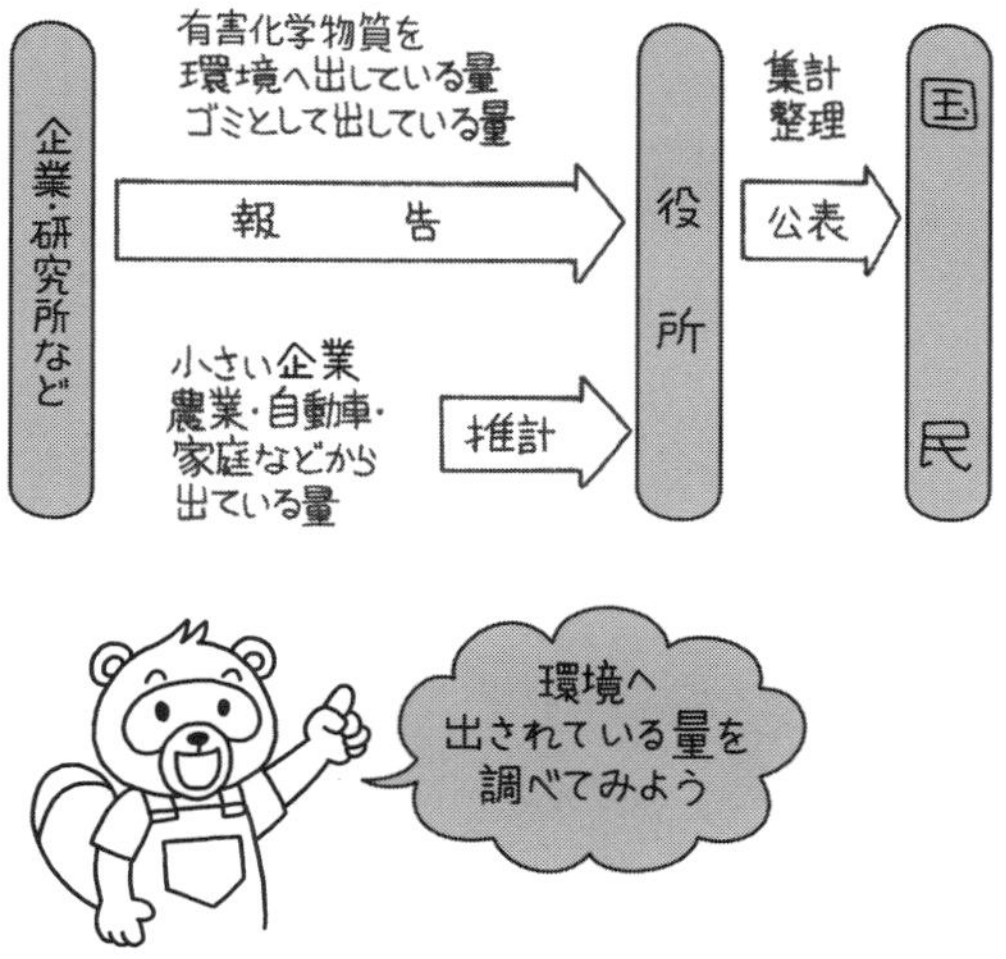

１９９９年に、「行政機関の保有する情報の公開に関する法律」（略称：情報公開法）ができました。

また、１９９９年には「特定化学物質の環境への排出量の把握等及び管理の改善の促進に関する法律」（略称：化学物質排出把握管理促進法、化管法、通称：ＰＲＴＲ法）ができました。この法律によって、人や野生の生き物に有害な４６２（２０２３年度から５１５）種類の化学物質を、年間1トン以上扱う事業所や従業員が21人以上の事業者は、それらの排出量や廃棄物としての移動量を毎年届け出ることが義務付けられ、今は公開されています。

しかし、化学物質の毒性の強さは物質ごとで何万倍も違いがあります。また、多くの化学物質のもついろいろな有害性は、一般の人にはよくわかりません。

そこで、著者らが運営しているエコケミストリー研究会では、ＰＲＴＲの対象となる化学物質の毒性と、毒性で重み付けした排出量などを地域ごとに計算し、ホームページで公開しています。これらを利用すると、みなさんの住んだり働いたりしている地域で、どのような事業所が、どのような有害化学物質を、どれだけ出しているかがわかります。一度調べてみてください。

役所も協力してくれるはず

● 中口毅博、小澤はる奈、環境自治体会議環境政策研究所編
『SDGs 自治体白書 2021　次世代が切り拓く “SDGs 自治体 " への道』
（生活社、2021 年）

環境にやさしい政策に熱心に取り組む自治体のネットワークとして、環境自治体会議が活動していましたが、２０２０年に解散し、「持続可能な地域創造ネットワーク」が設立され、ＳＤＧｓ自治体白書が毎年発行されています。

役所は、地域や国や地球で、みなさんが安心して暮せる環境をつくったり、守ったりするのが目的のところのはずです。

法律などで決まっていること、今までやってきたこと、自分の課のなわばりなどを守るだけでなく、元々の目的を考えて環境問題に熱心に取り組んでいる環境自治体も増えてきました。

次のようなことに協力や働きかけをしましょう。

エネルギーを大切にする社会づくりを進める

エネルギーのムダ使いを制限すること、例えば、ムダな冷房や暖房をなくし、テレビの24時間放送、24時間営業のお店、多すぎる自動販売機などをある程度制限する工夫も考えてもらいましょう。

エネルギーの上手な使い方を進めること、例えば、太陽熱、太陽電池などの自然エネルギー発電、熱のムダのないコジェネレーション発電、余った熱の利用、建物の断熱などを広める応援をしてもらいましょう。

また、エネルギー消費や環境への影響が少ない車の利用を増やしてもらいましょう。

ゴミを減らす社会づくりを進める

多すぎる折込み広告、何重もの包み紙や容器に入れた商品、再利用しにくい材料でできているものなどを売らないように指導してもらいましょう。

空き缶、空きビン、ペットボトル、金属ゴミ、ボロ、新聞紙などは、必ず分別して市区町村の資源ゴミの回収場所に集めるか、専門の回収業者やお店に引き取ってリサイクルしてもらいましょう。

生ゴミを肥料にしたり、空き缶、空きビン、ペットボトル、紙や産業廃棄物などのリサイクルを促進してもらいましょう。

また、リサイクルしたり、環境にやさしい商品をつくっている会社を支援してもらいましょう。

ゴミの埋立地の安全性をしっかりチェックしてもらいましょう。

有害な薬品を減らす社会づくりを進める

工場や農業などで使っている有害な薬品の売り方や使い方についての調査や制限をしっかりしてもらいましょう。

無農薬農業や低農薬農業などの良い例の応援もしっかりやってもらいましょう。

食べ物の添加物、家庭で使う殺虫剤や殺菌剤、除草剤や洗剤などの調査や正しい使い方を徹底してもらいましょう。

大気や水、土や生き物の中の有害なものの調査や対策をしっかりやってもらいましょう。

有害な金属や有機溶剤などで土や地下水などの環境が汚されてしまった場合の責任者をはっきりさせ、きれいにする制度をしっかりしてもらいましょう。

自然や生き物を大切にする社会づくりを進める

自然保護地域を増やし、また、むやみに道路や工場、ゴミ埋立地や行楽施設などをつくらないように、小規模な工事でも、簡単にでも環境影響評価（アセスメント）をする制度をつくってもらいましょう。

自然保護の活動をしているグループに情報提供やお金の補助をしてもらいましょう。

川の土手をなだらかにしたり、海の砂浜を残したり、水源の森を残して自然の浄化能力を活かし、親しみやすいようにしてもらいましょう。

また、大規模な下水道だけでなく、地域にあった生活排水の処理方法を進めてもらいましょう。

大きな建物をつくるときには、周りに木をたくさん植えることを義務付けてもらい、道路や公園にも木をたくさん植えてもらいましょう。

環境問題の情報を知らせる

環境問題の大切さを知らせるパンフレット、本、ビデオなどを、学校の授業、自治会などでどんどん利用してもらうようにしましょう。

また、環境問題についての役所の努力、役所のもっている情報、学校や地域の活動、市民運動などのことも、もっと知らせてもらいましょう。

環境に悪い影響があるものに税金をかけること、環境担当の係に力をもたせること、世界の中で環境問題のリーダーシップをとること、開発途上国等の環境保護にお金や技術を援助することなど、役所の仕事は、まだまだたくさんあります。

私たちがしっかりとした情報と活動の実績をもっていると、役所に協力してもらいやすくなります。そのためには、科学的な知識や他の地域の活動について、いろいろ勉強することが大切です。

これからは、市民と役所と企業が、情報や意見を交換し、お互いにチェックし、理解や協力をしあって、環境にやさしい「持続可能な社会」をつくることが大切です。

話し合いと相互理解を進めよう

●これからのリスクコミュニケーションの考え方

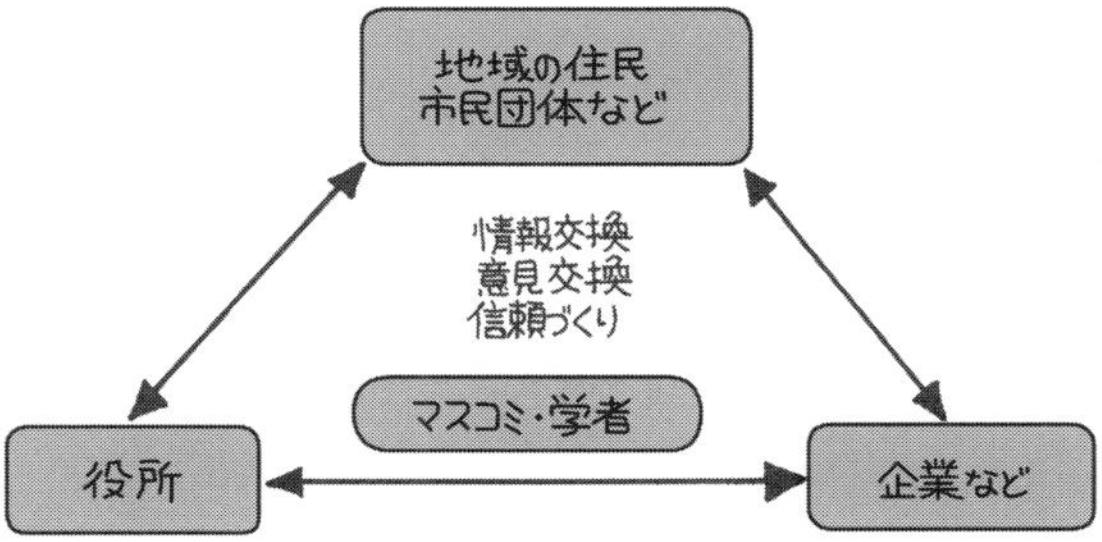

日用品などに入っている有害な化学物質や大切な資源、あるいは環境の汚染や破壊の状態、いなくなりそうな生き物などについて、みなさんが不安に思ったり、改善したいと思っても、少し前までは企業や役所が情報を教えてくれませんでした。

しかし、ＰＲＴＲ法などもあり、最近は情報が手に入りやすくなりました。

企業や役所とみなさんが同じ情報をもって安全性について話し合い（リスクコミュニケーションといいます）、お互いの理解を深め、監視と協力をしあって環境を良くすることが大切です。

また、情報をわかりやすくしてくれる市民団体（ＮＧＯ、ＮＰＯなど）も必要です。みなさんもこのような市民団体に参加したり、支援したりしましょう。

なお、化学物質の用途などについてはエコケミストリー研究会の情報を調べてみてください。

市民運動が企業を変える

　アメリカやＥＵでは、環境問題に熱心に取り組んでいなかったり、大きな環境問題を起こした企業の製品を買わない市民運動が力をもっています。

　また、市民団体が、どの企業が環境問題に、どのくらいまじめに取り組んでいるかを調べて発表しています。この発表で、企業の株の値段が上がったり、下がったりします。またその企業への入社志願者も増えたり減ったりします。

　企業の発展に市民運動が大きく影響しますから、企業は、環境問題の専門家を雇って、市民団体や株の持ち主に、環境問題に熱心に取り組んでいることを説明しています。

　また、もうけの何％かを環境保護や社会福祉などに寄付している企業も多くなっています。

　日本では、今まで基準を守るという最低限のこと以外に、排水や排ガスや廃棄物のことなどについての情報を公開していないところが多くありました。また、環境問題の専門家もあまりいない企業も多く、もうけの何％かを環境保護などに寄付する企業もほとんどありませんでした。

　でも、日本でも環境にやさしいことをしている企業が増えはじめていますので、さらに増えることが期待されています。

　ただし、企業は、世界的に競争しなければなりませんから、市民運動も、1社だけでなく、同業種のほかの企業の状態を比べたり、できるだけ感情的に考えないで企業の事情や世界の状態を理解した上で、より良い企業になるように協力することも大切です。

企業も変わってきている

日本の企業は、以前は、お金のためなら何でもする動物（エコノミックアニマル）などといわれたりしていました。

第二次世界大戦後の日本は、おばあさんやおじいさんたちが生まれたころまでは、生活が大変でした。だから企業は、働く人に給料を出すことが一番の責任だと思って、周りのことまであまり考えませんでした。

でも、お父さんやお母さんが、お給料をもらってきても、そのお給料が、空気をすごく汚したり、川や湖や海を汚したり、森を壊したり、動物たちをたくさん地球上から消し去ってもうけたお金だったら、やっぱりさびしいですよね。

日本の企業も環境・安全対策にはずいぶん努力をしてきました。でも、役所が決めたことを守ること以上のことはなかなかできませんでした。

アメリカ、ＥＵ諸国、日本などの35の国が世界の経済活動のあり方を話し合うためにつくっている経済協力開発機構（略称：ＯＥＣＤ）の環境委員会が、１９９１年に、これから一番大切なことは環境問題だと考えて、次のような新しい経済の仕組みづくりを提案しました。

① 大気、水、土などへの悪影響を考えるだけではなく、品物をつくるところから捨てるところまでの環境への悪影響をしっかりと管理すること
② 自然を壊したり、汚したら、それを戻す分を品物やサービスの値段に入れること
③ リサイクルの仕組みをつくること
④ 環境に害のある品物をなるべく売らないこと

また、１９９１年にパリで開かれたＯＥＣＤの環境大臣会議では、環境のことをあまり考えてこなかった今までの経済の考え方を反省して次のような方針を決めました。

①国の経済の良さを表す国民総生産（GNP）は、自然資源を減らした分や環境を汚した分を差し引いて計算すること

②環境に悪い影響を与える補助金や税金の制度をやめること

③天然資源や商品やサービスの値段に環境の値段を入れること

④汚染物を出すときの税金、廃棄物を処理するための税金、環境に有害なものを使うときの税金などの「環境税」を新しくつくること

日本でも、企業の一番大きな集まりの経済団体連合会（略称：経団連）というところが、これからの企業は、環境問題に真剣に取り組まなければいけないと考えて、企業がやることを24の項目にまとめた地球環境憲章を示しました。しかし、この憲章の内容が十分に守られるかが問題です。

今後は、国ごとに二酸化炭素を出す量（化石燃料を使う量）をどれだけ減らすかが世界で決められてくることなどから、企業も今までのようにはできません。

人間のワガママな欲望をどんどんふくらませる製品やサービスを売りまくる企業ではなく、「資源やエネルギーを大切にする」、「新しい心の豊かさをつくる」、「社会や人類の将来のためになる」企業に変わることが求められています。

なるべく地球にやさしい企業にした上で、もうけのある割合を、環境保護などの資金として社会に返せるようにすることを目標にしましょう。

でも、本当にこのような考え方で、地球にやさしい企業をつくるのはとても大変なことです。

このような企業にするためには、みなさんと企業が、新しい協力とチェックの関係をつくることが不可欠です。

日本の世界での役割や責任は、とても大きいものです。日本の企業が地球のためになり、世界で信用を得られるようにみんなで協力しましょう。

コラム

環境ＩＳＯの規格ってどんなものなのか

●ライフサイクルアセスメントの考え方

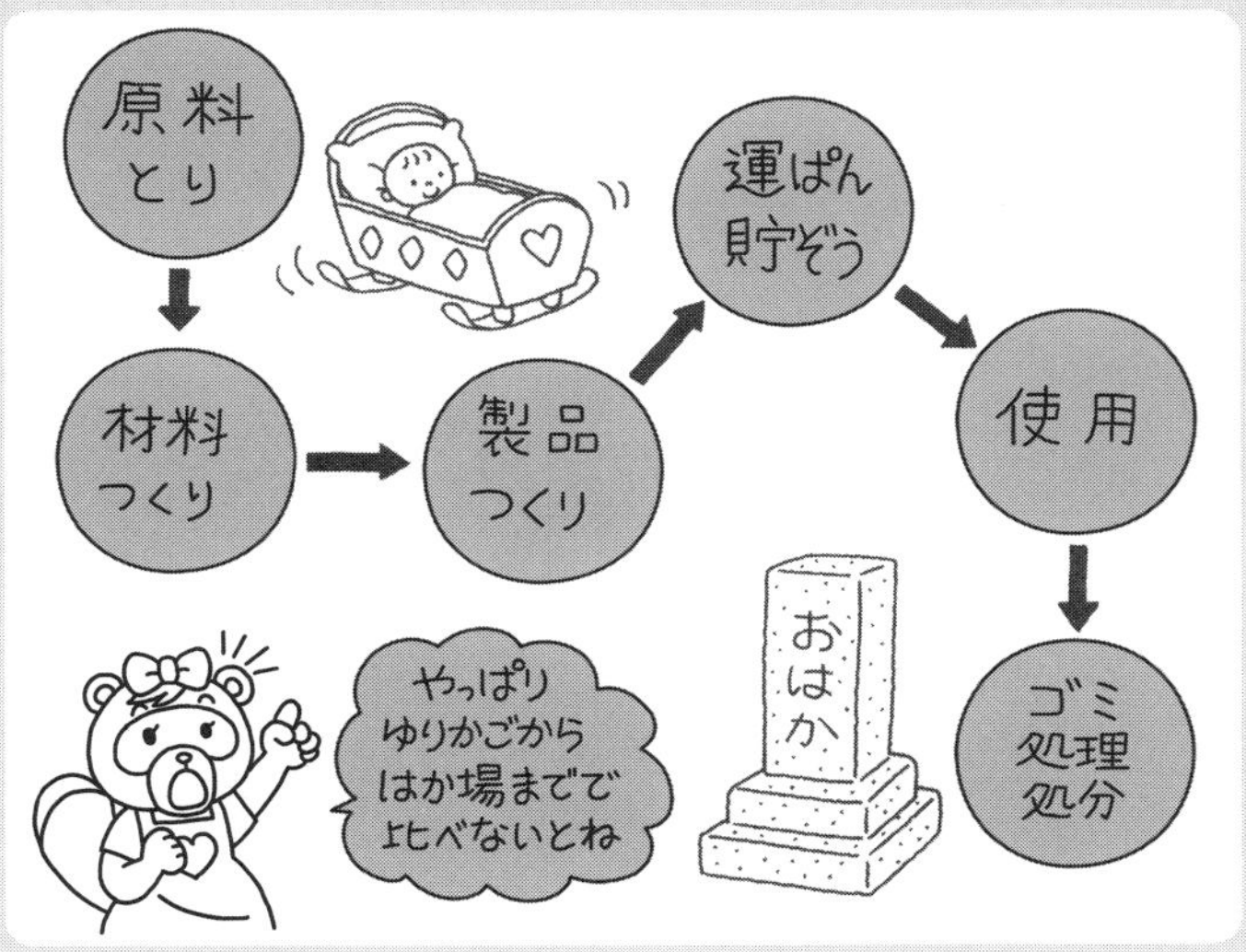

国際標準化機構（略称：ＩＳＯ）というところで、品物をつくったり、売ったりする企業が環境への悪影響を減らす方法（環境アセスメントといいます）や、それをチェックする方法（環境監査といいます）を決め、合格した企業を国際的に認めることにしました。

また、環境ＩＳＯは、このほかにも環境にやさしい商品にエコラベルというマークをつけることを勧めています。

さらに、企業がつくっている品物の原料を鉱山や森林などから採るところ、これらの原料を運び、鉄や銅やプラスチックなどの材料をつくるところ、材料から品物をつくるところ、つくった品物を運び、私たちが使うところ、いらなくなって捨てて処理や処分をするところなどの全体において、資源を使う量、化石燃料を使う量（二酸化炭素の排出量）、有害なものを出す量などを評価し（ライフサイクルアセスメントといいます）、これらをできるだけ減らす方法を勧めています。

子や孫に資源や自然を残そう

●環境は子や孫、ひ孫にも伝わる

今、私たちは、一見とても豊かな暮しをしています。しかし、今の状態は、地球の長い歴史の中ではほんの一瞬にすぎません。その一瞬の間に多くの資源を使い、多くの生き物を絶滅させたり、絶滅の危機に追いやっています。また、資源も無限にあるわけではありません。

地球温暖化によって異常気象が増え、有害な化学物質による障害が増え、森林の恵みも減っています。

このままでは、今の親がつくった社会や暮し方が、子どもたちや孫たちに大きなツケをまわしていることになります。

どうしても浪費の社会を変えなければなりません。循環型社会基本法やいろいろなリサイクルのための法律もできました。でも、私たちの考えや行動が大きく変わらなければ社会は変わりません。

資源消費を半分にしても今とあまり変わらないレベルの生活ができるという報告もあります。

欲望（エゴ）を適度に抑える知恵と勇気をもち、資源や自然環境（エコ）を大切にする社会を子や孫に残せるように協力しましょう。

古くて新しい生きかたが必要

今、みなさんの周りに、鉛筆も消しゴムもオモチャも、使わないままで余っていませんか。

また、カワイイものやカッコイイものがあったからといってすぐ買ったりしていませんか。

ちょっと歩くのもめんどうだから、家族に車で送りむかえしてもらったりしていませんか。

そして、夜おそくまでテレビを見たりして、朝、食事をとらなかったり、遅刻しそうになったりしていませんか。

ものがあふれています。テレビや雑誌やインターネットなどの情報もあふれています。そして、外で遊んだりするヒマもなく追いかけられて、ほかの人のことなどかまっていられない、なんていっていませんか。

日本が援助している開発途上国のお父さんやお母さんは、朝から夕ぐれまで働いて、子どもたちも友達とのびのびと遊んでいるのに、援助している日本のお父さんやお母さんが、朝から深夜まで働いて、家族と話すヒマもないし、子どもたちも友達と遊ぶヒマもないとしたら、幸せとはいえないでしょう。

日本は、古くから、ものだけでなく、季節の移り変わりや、鳥や花と共に、心の豊かさを大切にして暮してきました。でも、つい60年ほど前から、何かを忘れかけてしまったようです。

もう一度、経済大国だという誇りだけでなく、いろいろな心の豊かさに誇りのもてる日本をつくりましょう。

教育が一番たいせつ

● 文部科学省の新しい学習指導要領の柱

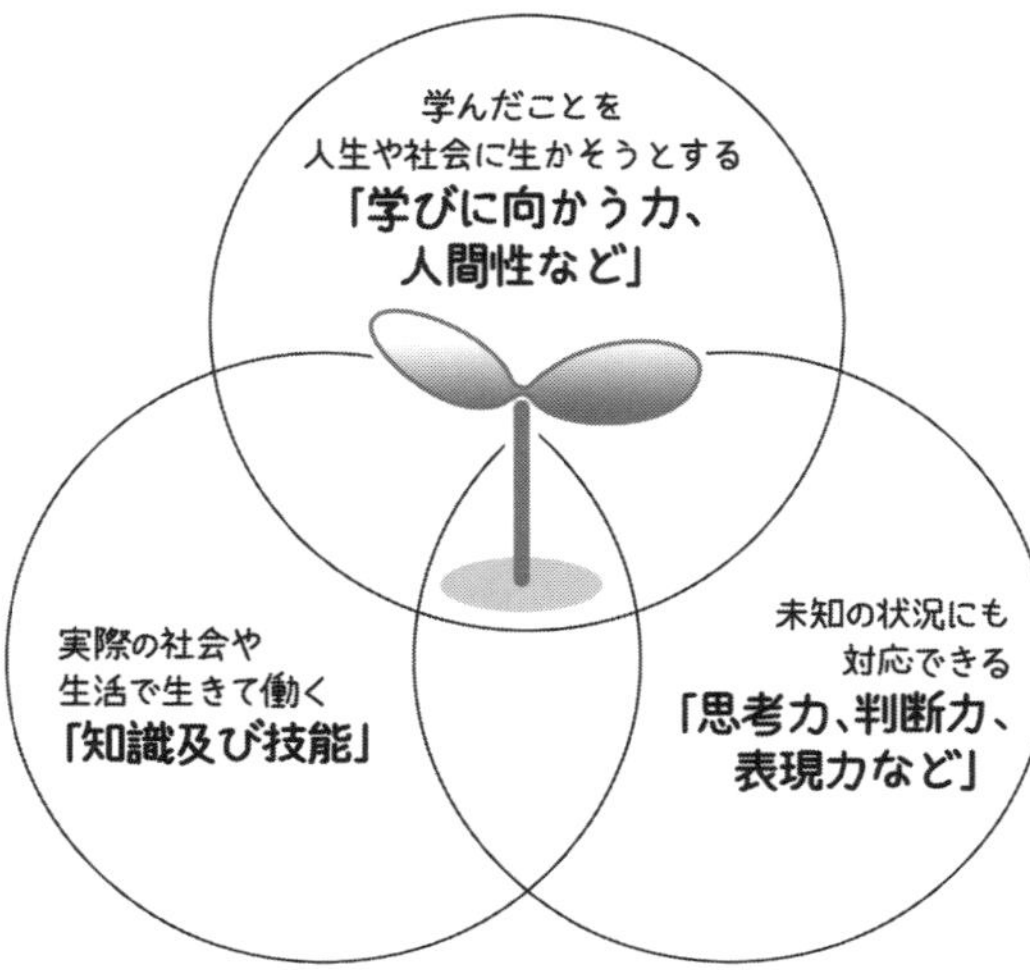

これからの社会では、環境についての理解が重要です。このため、２００３年（平成15年）に、環境教育等による環境保全の取り組みの促進に関する法律（略称：環境教育促進法）ができ、２０１１年に改正され、学校だけでなく、家庭や職場、地域などのいろいろな場所で環境について学び、地球環境の保全、公害の防止、生物の多様性の保全等の自然環境の保護や整備、循環型社会の形成等の環境の保全を主な目的とした活動を進めることを決めています。

文部科学省も２００８年に作成した学習指導要領で、社会科、理科、生活科、家庭科、体育科、道徳、総合学習および特別活動などで環境について学ぶように指導しています。

小学校、中学校、高校で環境問題について、正しい知識と指導力のある先生に教えてもらうことが、日本や世界を変えることになります。そのためには、先生が、漠然と環境問題が重要だというだけでなく、将来の日本、世界、地球について正しい知識をもち、子どもたちや孫たち、その先の世代の将来について真剣に考えることが必要です。

でも、日本は、ドイツやアメリカなどに比べて、先生を養成する大学で、環境のことを教えることが少ない状態です。しっかりと環境教育をする大学がもっともっと増えなければ、世界で通用する社会や企業をつくることが難しくなります。

また、企業の社長さんや重役さん、役所の人などにも、環境のことをよく勉強してもらうことが必要です。

そのためには、大学も企業も役所も協力して、環境について正しい知識と考え方を教育できる機会を増やさなければなりません。

地球を大切にして、二度と悲惨な戦争をくりかえさず、ほかの生き物と共に絶滅しない持続可能な道を進むことができるようにしっかりとした環境教育が必要です。

この本を読んだ人が、みんなと環境のことを話し、知らない人や考えていない人に、環境の大切さを教えてほしいと強く願っています。

さらに、２０２０年度の新学習指導要領では右上の図のように「学びに向かう力、人間性など」、「知識及び技能」および「思考力、判断力、表現力など」を養う教育が求められました。

先生方の力も試されます。

ＳＤＧｓとは何か

●17の国際目標

ＳＤＧｓ（「持続可能な開発目標」）は、２０１５年９月の国連サミットにおいて加盟国の全会一致で採択された「持続可能な開発のための２０３０アジェンダ」に記載された、２０３０年までに持続可能でよりよい世界を目指す国際目標です。

ＳＤＧｓは図のような、１７の国際目標と、１６９のターゲット、２３２の達成を図る指標から構成され、目標達成に向けて地球上の「誰一人取り残さない」としています。

このＳＤＧｓは、発展途上国を中心とした貧困や飢餓の撲滅や、教育や人権問題の改善を目標としたＭＤＧｓ（ミレニアム開発目標）の後、目標の達成状況、世界情勢の変化を反映させたもので、様々な問題の統合的な解決を目指して、国際社会が一体となって取り組む普遍的なものとされています。国だけではなく、地方自治体や企業や市民など全ての人たちが目指すべき目標として位置づけられます。

日本政府も、有識者等からなる円卓会議の意見交換を基に、２０３０年までにＳＤＧｓを達成するための中長期的な国家戦略を策定しています。

また毎年「ＳＤＧｓアクションプラン」を策定し、優れた取組を行う企業・団体等を表彰して活動の促進を図っています。

例えば「ＳＤＧアクションプラン２２」の重点事項としては、次の5項目が挙げられています。

①人間：女性デジタル人材の育成や生理の貧困への支援、女性の登用目標達成、女性への暴力の根絶等、子どもの貧困対策等の総合的・包括的な推進など

②繁栄：成長と分配の好循環としてデジタル田園都市国家構想の実現、脱炭素化やデジタル化への支援

③地球：クリーンエネルギー戦略の策定と推進、海洋プラスチックごみ対策についての国際約束作りの開始を目指すなど

④平和：普遍的価値の遵守として、第8回アフリカ開発会議も通じて日本の取組を推進

⑤パートナーシップ：幅広いステークホルダーとの意見交換を進め、国内外の関係者との連携を深めること、自治体によるＳＤＧｓ達成に向けた優れた取組を「ＳＤＧｓ未来都市」として支援するなど

日本のＳＤＧｓへの取組は、既存の活動を１７の目標に当てはめただけのものも散見され、教育や産業技術などで評価が高いものの、平等や製造使用責任、気候変動対策などで評価が低く、課題も多い状態です。

ＳＤＧｓで掲げられている１７の目標は、広範囲でどの問題も単純な対応で解決できるものではありません。目標が相互にトレードオフの関係にあったり、国内で良いと思える活動が海外で別の問題を引き起こすなど複雑に絡み合っています。

今後はＳＤＧｓが、飢餓や人権問題に端を発している複雑性をはらんだ概念であることを踏まえて、これと環境問題を総合的にとらえ、全ての人が関わって、真に持続可能で、よりよい世界を目指す活動にしていくことが必要です。

エネルギー関係

- 国際エネルギー機関（IEA）
  https://www.mofa.go.jp/mofaj/gaiko/energy/iea/index.html
- （国研）新エネルギー・産業技術総合開発機構　https://www.nedo.go.jp/
- （国研）日本原子力研究開発機構　https://www.jaea.go.jp/index.html
- （独）エネルギー・金属鉱物資源機構　https://www.jogmec.go.jp/
- （一財）日本エネルギー経済研究所　https://eneken.ieej.or.jp/
- （公財）自然エネルギー財団　https://www.renewable-ei.org/
- （一財）省エネルギーセンター　https://www.eccj.or.jp/
- （一財）住宅・建築SDGs推進センター　https://www.ibec.or.jp/
- （一財）新エネルギー財団　https://www.nef.or.jp/
- （一社）ソーラーシステム振興協会　https://www.ssda.or.jp/
- 原子力資料情報室　https://cnic.jp/
- （NPO）環境エネルギー政策研究所　https://www.isep.or.jp/

自然・生物多様性関係

- 環境省 自然環境局 生物多様性センター　https://www.biodic.go.jp/
- （一社）生物多様性保全協会　http://www.biodiversity.or.jp/
- （国研）森林研究・整備機構　https://www.ffpri.affrc.go.jp/
- （公財）緑の地球防衛基金　https://green-earth-japan.net/
- （公財）世界自然保護基金　https://www.wwf.or.jp/
- （公財）日本自然保護協会　https://www.nacsj.or.jp/
- （公社）国土緑化推進機構　https://www.green.or.jp/
- 全国自然保護連合　http://www.junc.shizen2.jp/
- （公社）日本ナショナル・トラスト協会　http://www.ntrust.or.jp/
- （公財）森林文化協会　https://www.shinrinbunka.com/
- （公財）日本鳥類保護連盟　https://www.jspb.org/
- （公財）日本野鳥の会　https://www.wbsj.org/
- （一社）グリーンピースジャパン　https://www.greenpeace.org/japan/
- 国際熱帯木材機関　https://www.itto.int/ja/
- （NGO）熱帯林行動ネットワーク　https://www.jatan.org/

- 地球環境パートナーシッププラザ（GEOC） http://www.geoc.jp/
- 全国地球温暖化防止活動推進センター https://www.jccca.org/

地域汚染の防止・影響関係

- 塩化ビニル環境対策協議会 https://www.pvc.or.jp/
- （独）環境再生保全機構 https://www.erca.go.jp/
- エコケミストリー研究会 http://www.ecochemi.jp/
- （NPO）有害化学物質削減ネットワーク http://toxwatch.net/
- （NPO）化学物質過敏症支援センター https://www.cssc4188cs.org/
- （NPO）ダイオキシン・環境ホルモン対策国民会議 http://kokumin-kaigi.org/
- （一社）日本化学物質安全・情報センター https://www.jetoc.or.jp/
- （公財）日本中毒情報センター https://www.j-poison-ic.jp/
- 反農薬東京グループ http://home.e06.itscom.net/chemiweb/ladybugs/

廃棄物（ゴミ）関係

- （公社）全国産業資源循環連合会 https://www.zensanpairen.or.jp/
- （公社）全国都市清掃会議 http://www.jwma-tokyo.or.jp/
- （一社）産業環境管理協会 資源・リサイクル促進センター https://www.cjc.or.jp/
- （一財）日本環境衛生センター https://www.jesc.or.jp/
- （公財）日本環境整備教育センター https://www.jeces.or.jp/
- （一社）日本環境衛生施設工業会 https://www.jefma.or.jp/
- （一社）廃棄物管理業協会 https://wmia.jp/
- 中間貯蔵・環境安全事業株式会社 https://www.jesconet.co.jp/index.html
- 発泡スチロール協会 https://www.jepsa.jp/
- （一社）プラスチック循環利用協会 https://www.pwmi.or.jp/
- （一社）日本鉄リサイクル工業会 https://www.jisri.or.jp/
- スチール缶リサイクル協会 https://steelcan.jp/
- アルミ缶リサイクル協会 http://www.alumi-can.or.jp/
- PETボトルリサイクル推進協議会 https://www.petbottle-rec.gr.jp/
- 日本ガラスびん協会 http://glassbottle.org/
- （公財）古紙再生促進センター http://www.prpc.or.jp/
- 全国牛乳パックの再利用を考える連絡会 https://www.packren.org/
- （NPO）生ごみリサイクル全国ネットワーク http://www.namagomi-rz.sakura.ne.jp

- （公財）日本環境協会　https://www.jeas.or.jp/
- （一社）環境情報科学センター　https://www.ceis.or.jp/
- （一財）日本環境衛生センター　https://www.jesc.or.jp/
- （一社）産業環境管理協会　https://www.jemai.or.jp/
- （一財）日本環境・有機農法振興財団　http://www.jef.jp/
- 産業と環境の会　http://www.sankankai.com/
- （一社）地域環境資源センター　http://www.jarus.or.jp/
- （一財）日本消費者協会　https://jca-home.jp/
- （公財）消費者教育支援センター　https://www.consumer-education.jp/
- 日本生活協同組合連合会　https://jccu.coop/about/
- 生活クラブ生活協同組合　https://seikatsuclub.coop/
- （一社）海外環境協力センター　https://www.oecc.or.jp/
- （NPO）国際協力NGOセンター　https://www.janic.org/
- （NPO）日本国際ボランティアセンター　https://www.ngo-jvc.net/
- （公社）日本国際民間協力会　https://kyoto-nicco.org/
- （公社）日本ユネスコ協会連盟　https://www.unesco.or.jp/
- グリーン連合（環境NGO・NPO・市民団体の全国ネットワーク）　https://greenrengo.jp/
- （NPO）環境文明21　http://www.kanbun.org/
- アースデイとは？地球のためにできることから、取り組み事例・SDGsの関係
  https://spaceshipearth.jp/earthday/
- （NPO）FoE（地球の友）Japan　https://foejapan.org/

地球環境関係

- UNEP（国連環境計画）日本語情報サイト　https://ourplanet.jp/
- （公財）地球環境産業技術研究機構　https://www.rite.or.jp/
- （公財）地球環境センター（GEC）　https://gec.jp/jp/
- （一社）国際環境研究協会　http://www.airies.or.jp/index.html
- （一財）地球・人間環境フォーラム（GEF）　https://www.gef.or.jp/
- （NPO）気候ネットワーク　https://www.kikonet.org/
- 地球環境情報プラットフォーム構築推進合プログラム（DIAS）　https://www.diasjp.net/
- （NPO）ネットワーク「地球村」　https://www.chikyumura.org/
- （一財）広島地球環境情報センター　https://www.heeic.jp/
- 気候変動適応情報プラットフォーム　https://adaptation-platform.nies.go.jp/
- 国際海洋環境情報センター（GODAC）　https://www.jamstec.go.jp/godac/j/

- みんなが知りたい! 世界の「絶滅危惧」動物がわかる本、今泉忠明監修、メイツ出版
- みんなが知りたい! 日本の「絶滅危惧」動物がわかる本（増補改訂版）、今泉忠明監修、メイツ出版
- 日本の絶滅危惧植物図譜、大場秀章監修・解説、アボック社
- レッドリスト（英語）、国際自然保護連合（IUCN）、http://www.iucnredlist.org/ja/
- 絶滅危惧種はそこにいる 身近な生物保全の最前線、久保田潤一著、角川新書、KADOKAWA
- 森林がきえていく、本間義人著、山口今日絵、金の星社
- 動物たちがいなくなる、中川志郎著、小松修絵、金の星社
- 日本にしかいない生き物図鑑、今泉忠明監修、PHP研究所
- 日本の固有植物、加藤雅啓・海老原淳著、東海大学出版会
- よくわかる生物多様性シリーズ（3冊）、中山れいこ著、中井克樹監修、アトリエモレリイラスト、くろしお出版
- 生物多様性とは何か（新書）、井田徹治著、岩波書店
- 実践で学ぶ<生物多様性>（岩波ブックレット）、鷲谷いづみ著、岩波書店
- 生物多様性概論、宮下直・瀧本岳・鈴木牧・佐野光彦著、朝倉書店
- 生物多様性と地球の未来 —6度目の大量絶滅へ？、太田英利・池田比佐子訳、朝倉書店
- 生態環境リスクマネジメントの基礎、浦野紘平・松田裕之編著、オーム社
- 生態系サービスと人類の将来、Millennium Ecosystem Assessment編、横浜国立大21世紀COE翻訳委員会訳、オーム社
- 土壌生態学入門 土壌動物の多様性と機能、金子信博著、東海大学出版会

環境関連団体リスト

環境一般

- 環境省　https://www.env.go.jp/
- （国研）国立環境研究所　https://www.nies.go.jp/
- （国研）産業技術総合研究所　https://www.aist.go.jp/
- 気象庁 各種データ・資料　https://www.jma.go.jp/jma/menu/menureport.html
- （独）環境再生保全機構 環境NGO・NPO総覧オンラインデータベース https://www.erca.go.jp/jfge/ngo/html/

- エネルギーの本（考えよう地球環境6）、住明正・山地憲治著、ポプラ社
- データでわかる 世界と日本のエネルギー大転換、L.R.ブラウン・枝廣淳子著、岩波書店
- 希望の現場 メタンハイドレート、青山千春・青山繁晴著、ワニブックス
- 火力発電総論、瀬間徹著、電気学会
- 石油の「埋蔵量」は誰が決めるのか？エネルギー情報学入門、岩瀬昇著、文藝春秋
- 図解入門ビジネス 最新水素エネルギーの仕組みと動向がよ～くわかる本、今村雅人著、秀和システム
- 図解でよくわかる核融合エネルギーのきほん、同出版委員会編、誠文堂新光社
- 原発事故はなぜくりかえすのか、高木仁三郎著、岩波書店
- 原発に頼らない社会へ、田中優著、武田ランダムハウスジャパン
- 「原子力ムラ」を超えて、飯田哲也・佐藤栄佐久・河野太郎著、NHK出版
- 是か非か！日本の原子力発電、次世代エネルギー開発協会編、北川浩一郎著、丸善プラネット
- 今こそ、エネルギーシフト、飯田哲也・鎌仲ひとみ著、岩波書店
- エネルギー・シフト：再生可能エネルギー主力電源化への道、橘川武郎著、白桃書房
- 原子力ルネサンス、矢沢潔、技術評論社
- エネルギー技術の新パラダイム、電気学会エネルギー問題特別委員会編、オーム社
- 地域分散型エネルギー・システム、大島堅一・高橋洋・植田和弘著、日本評論社
- 再生可能エネルギーの仕組みと動向がよ～くわかる本、今村雅人著、秀和システム
- 図解入門ビジネス 最新再生エネビジネスがよ～くわかる本、今村雅人著、秀和システム
- 自然エネルギー利用学、清水幸丸編著、パワー社
- 小水力発電が地域を救う・日本を明るくする広大なフロンティア、中島大著、東洋経済新報社
- 地熱が日本を救う、真山仁著、角川学芸出版
- 屋根でもうける太陽光発電（経営者新書）、髙瀬和明著、幻冬舎
- 暮らしの省エネ事典、山川文子著、工業調査会
- 三菱総研が描く2050年エネルギービジョン、環境エネルギー事業部著、エネルギーフォーラム
- エネルギー業界の破壊的イノベーション、野村総合研究所著、エネルギーフォーラム

自然・生物多様性関係

- 環境省レッドリスト2020、https://www.env.go.jp/press/107905.html
- いきものログ、レッドデータブック・レッドリスト、https://ikilog.biodic.go.jp/Rdb/booklist

- 放射線と地球環境－生態系への影響を考える、村松康行・土居雅広・吉田聡編、研成社
- 「放射能汚染地図」の今、木村真三著、講談社
- 知っておきたい放射能の基礎知識、斎藤勝裕著、SBクリエイティブ
- あなたの隣の放射能汚染ゴミ、まさのあつこ著、集英社
- 日本は農薬・放射能汚染で自滅する!?、上野一馬著、コスモ21

廃棄物（ゴミ）関係

- ごみはどこへ行くのか？、藤本一規監修、PHP研究所
- ごみゼロ大作戦！めざせ！ Rの達人 シリーズ（全6巻）、浅利美鈴監修、ポプラ社
- シリーズ「ゴミと人類」過去・現在・未来（全3巻）、稲葉茂勝著、あすなろ書房
- ごみ減量政策：自治体ごみ減量手法のフロンティア、山谷修作著、丸善出版
- ごみ問題こうして解決 循環型社会めざして、岩佐恵美著、合同出版
- わたしにもできるリサイクルシリーズ（5冊）、本多淳裕監修、学習研究社
- リサイクル品をいかそう！初級編・応用編、牧野正義・浅田健一著、偕成社
- 図解 産業廃棄物処理がわかる本（最新3版）、株式会社ユニバース著、日本実業出版社
- ごみ育 日本一楽しいごみ分別の本、滝沢秀一著、太田出版
- 産廃処理が一番わかる、上川路宏著、技術評論社
- 最新 産廃処理の基本と仕組みがよ～くわかる本（第3版）、尾上雅典著、秀和システム
- 地球が危ない！プラスチックごみ（全3巻）、高田秀重著、幸運社編、汐文社
- 海洋プラスチックごみ問題の真実：マイクロプラスチックの実態と未来予測、磯辺篤彦著、化学同人
- 土壌のダイオキシン類簡易測定マニュアル、国立研究開発法人土木研究所編、鹿島出版会
- ダイオキシン類汚染土壌対策マニュアル、国立研究開発法人土木研究所編、鹿島出版会

エネルギー関係

- 2022年版エネルギー白書、経済産業省資源エネルギー庁
https://www.enecho.meti.go.jp/about/whitepaper/
- エネルギーの百科事典、
茅陽一・鈴木浩・中上英俊・西広泰輝・村田稔・森信昭著、丸善出版
- ベーシックエネルギー問題入門（第2版）、田中紀夫著、日本経済新聞社
- ほんとうのエネルギー問題、池田清彦著、ベストセラーズ
- はて・なぜ・どうしてクイズエネルギーとくらし（環境問題チャレンジブック5）、江川多喜雄・鷹取健著、合同出版

- 砂漠緑化への挑戦、遠山柾雄著、読売新聞社
- 乾燥地を救う知恵と技術 砂漠化・土地劣化・干ばつ問題への対処法、鳥取大学乾燥地研究センター監修、恒川篤史編、丸善出版
- エコロジカル・フットプリント 地球環境持続のための実践プランニング・ツール、M.ワケナゲル・W.リース著、和田喜彦監訳・解題、池田真里訳、合同出版

地域の汚染防止・影響関係

- 沈黙の春、R.カーソン著、青樹簗一訳、新潮社
- 奪われし未来、T.コルボーン著、長尾力訳、翔泳社
- 苦海浄土 わが水俣病、石牟礼道子著、講談社
- 複合汚染 上・下・その後、有吉佐和子著、新潮社
- 環境化学の事典、指宿堯嗣・上路雅子・御園生誠編、朝倉書店
- 地球の環境と化学物質 新版、安原昭夫著、三共出版
- 知っていますか 暮らしの有害物質、及川紀久雄著、NHK出版
- くらしの中の化学物質大事典、森田昌敏監修、くもん出版
- 身の回りの製品に含まれる化学物質シリーズ（全6冊）、独立行政法人 製品評価技術基盤機構 化学物質管理センター
- 地球をめぐる不都合な物質、日本環境化学会編著、講談社
- トコトンやさしい土壌汚染の本、保坂義男・大木久光・高堂彰二・大岩敏男著、日刊工業新聞社
- シックハウスよ、さようなら、中野博著、TBSブリタニカ
- 室内空気汚染の原因と対策、池田耕一著、日刊工業新聞社
- 住まいQ&A 室内汚染とアレルギー、吉川翠・阿部恵子・小峯裕己・松井年郎著、井上書院
- 化学物質のリスクコミュニケーション手法ガイド、浦野紘平編著、ぎょうせい
- どうしたらいいの？環境ホルモン、浦野紘平編著、読売新聞社
- ダイオキシンと環境ホルモン、日本化学会編、東京化学同人
- 日本の大気汚染経験、同検討委員会編、ジャパンタイムズ
- 最新図解 PM2.5と大気汚染がわかる本、鐃村曜著、オーム社
- 越境大気汚染の比較政治学、髙橋若菜著、千倉書房
- 水質汚濁対策の基礎知識（2訂）、環境保全対策研究会編、一般社団法人産業環境管理協会
- 地球を脅かす化学物質、木村-黒田純子著、海鳴社
- 人間のいのちをささえる土、八幡敏雄著、ポプラ社

- 新・よくわかるISO環境法（改訂第17版）、鈴木敏央著、ダイヤモンド社
- 環境の仕事大研究 第3版、安藤眞・エコビジネスネットワーク編、産学社
- 今日からモノ知りシリーズ トコトンやさしい電気自動車の本（第3版）、廣田幸嗣著、B&Tブックス

地球環境関係

- 地球環境キーワード事典（5訂）、地球環境研究会編、中央法規出版
- 図説 地球環境の事典、吉崎正憲・野田彰編、朝倉書店
- 地球環境辞典（第4版）、丹下博文編、中央経済社
- 統計データからみる 地球環境・資源エネルギー論、西山孝・別所昌彦著、丸善出版
- 地球白書 2013-2014、ワールドウォッチ研究所編著、ワールドウォッチジャパン
- 地球の科学－変動する地球とその環境（改訂版）、佐藤暢著、北樹出版
- 地球環境問題の現場検証、池田寛二編著、八千代出版
- （改訂新版）地球環境がわかる、西岡秀三・村野健太郎・宮崎忠國著、技術評論社
- 地球環境問題とは何か、米本昌平著、岩波書店
- 気象と地球の環境科学（改訂3版）、二宮洸三著、オーム社
- 最新研究で読む 地球環境と人類史、石弘之著、洋泉社
- 地球環境のしくみ、島村英紀著、さ・え・ら書房
- 地球環境のひみつ、西岡秀三監修、山口太一、学習研究社
- モノの越境と地球環境問題、窪田順平著、昭和堂
- 気候 変動し続ける地球環境（サイエンス・パレット）、M.マスリン著、森島済監修、赤坂郁美・羽田麻美・田代崇訳、丸善出版
- 変化する地球環境 異常気象を理解する、木村龍治著、左右社
- ココが知りたい地球温暖化、国立環境研究所地球環境センター編著、http://www.cger.nies.go.jp/ja/library/qa/qa_index-j.html
- 面白いほどよくわかる地球の寿命、柴田敏隆監修、日本文芸社
- 不都合な真実、A.ゴア著、枝廣淳子訳、ランダムハウス講談社
- 中・高校生のためのやさしい地球温暖化入門、後藤則行著、あすなろ書房
- 天気がおかしい、朝倉正・清水輝和子著、中居稔絵、金の星社
- 地球温暖化は解決できるのか パリ協定から未来へ！、小西雅子著、岩波書店
- 地球温暖化問題は解決できるか 実現可能な方向を求めて、石見徹著、岩波書店
- 知らなきゃヤバイ！ 温室効果ガス削減と排出量取引、みずほコーポレート銀行・みずほ情報総研編著、日刊工業新聞社
- 15歳からの地球温暖化 学校では教えてくれないファクトフルネス、杉山大志著、育鵬社

環境関連主要図書リスト

環境一般

- 環境省、環境・循環型社会・生物多様性白書、https://www.env.go.jp/policy/hakusyo/r04/pdf.html
- 環境省（全7冊）、環境統計集、http://www.env.go.jp/doc/toukei/tokeisyu.html
- 環境年表〈2021－2022〉、国立天文台編、丸善出版
- ハンディー版環境用語事典（第3版）、上田豊甫・赤間美文編、共立出版
- なるほど環境ディクショナリー、（独）環境再生保全機構編、秀巧堂
- 環境六法〈令和4年版〉、環境法令研究会編、中央法規出版
- 環境倫理学、鬼頭秀一・福永真弓編、東京大学出版会
- 環境アセスメント学入門 環境アセスメントを活かそう、環境アセスメント学会編、恒星社厚生閣
- 環境のための数学・統計学ハンドブック、住明正監修・原澤英夫監訳、朝倉書店
- 環境経済学をつかむ〔第4版〕、栗山浩一・馬奈木俊介著、有斐閣
- 資源と環境の経済学、馬奈木俊介編、昭和堂
- 環境経営の経済分析、馬奈木俊介著、中央経済社
- 環境省 こども環境白書　https://www.env.go.jp/policy/hakusyo/kodomo.html
- 事典 持続可能な社会と教育、日本環境教育学会ほか編、教育出版
- SDGsと環境教育、佐藤真久・田代直幸・蟹江憲史編著、学文社
- マンガでわかる環境問題 みんなでめざそう循環型社会シリーズ（全8巻）、高月紘監修、学習研究社
- エコ育絵本ちきゅうにやさしくなれるかなシリーズ（12冊）、チャイルド本社
- 世界がもし100人の村だったらシリーズ（5冊）、池田香代子訳、マガジンハウス
- もったいないばあさんシリーズ（5冊）、真珠まりこ作・絵、講談社
- 図説・私たちと環境シリーズ（11冊）、日本環境協会監修、橋本道夫指導、旺文社
- 図解 企業のための環境問題Ver.3、井熊均編著、東洋経済新報社
- 環境を調べる・環境を守るシリーズ（3冊）、塚本治弘著、さ・え・ら書房
- コミック版 異星人クリーク博士の地球探検、浦野紘平著、オーム社
- 知れば知るほど面白い 環境の雑学、佐々木進市著、ぎょうせい
- ほんとうの環境問題、池田清彦・養老孟司著、新潮社
- 本質を見抜く力－環境・食料・エネルギー、養老孟司・竹村公太郎著、PHP研究所

あとがき

浦野紘平が、環境問題の研究を始めたのは、１９６３年でした。そのころは、戦争で壊された国をなおすために、世界のことなど考える余裕もなく、国内産業の発展のためには、環境やそこに住んでいる人や生き物は多少犠牲にしても仕方がないという考えが普通でした。

メッキ工場の排水をこっそり捨てる人がいて、しょっちゅう川でたくさんの魚が死んでいました。製鉄所の黒い煙を見て、工場が活発に動いていると喜んでいる人がほとんどでした。それはおかしいというと、過激派のようにいわれました。

それから、50年以上たちました。この間に、浦野紘平の研究や調査も、工場の排ガス中のイオウ酸化物ガスや窒素酸化物ガスを取り除く方法、いろいろな工場排水をきれいにしたり、繰り返し使う方法などの「工場による公害防止」の研究から、家庭排水を簡単に処理する方法、洗剤の環境への影響を判定する方法、飲み水の中の有害物を測る方法や有害物を減らす方法、土や地下水の中の有害物を測る方法と有害物を取り除く方法、くさいにおいをとる方法、廃棄物の安全性を調べる方法などの「身近な生活に関連した環境問題」の研究や調査になりました。

浦野真弥はこのような研究や調査から始めました。

その後、フロンなどによる大気汚染を測る方法とフロンを回収、再利用する方法、農薬やいろいろな化学物質の環境中での変化を予測し、安全性を調べる方法、排水や廃棄物から資源やエネルギーを回収する方法、開発途上国の環境汚染を防ぐ方法などの「地球環境問題」の研究や調査へと広がってきました。

日本の環境問題の流れも、「工場による公害防止」から、「身近な生活環境問題」、そして「地球環境問題」にまで広がってきたのです。

世界には、まだまだ、自分たちが生きていくためには、ほかの人や環境、共に住んでいる生き物は犠牲にしても仕方がないとしか考えられない生活レベルの国もあります。しかし、日本は、もう世界で有数の経済大国となり、ものは十分に豊かになりました。そして、たくさんの資源やエネルギーを使っています。自分たちだけが豊かであればよいというのではなく、子孫や開発途上国、野生生物を含めた地球全体の環境保全に、責任をもって行動しなければならない状態になっています。

人間は、あきれるほどの「愚かさ」とおどろくほどの「気高さ」をもった生き物です。みなさんが、複雑で解決が難しい環境問題に立ち向かう「知恵と勇気」をもって、たくさんの仲間たちと手をとりあって、少しでも環境にやさしく、持続できる社会づくりに協力してくれることを願っています。

おわりに、この本をつくるのに資料を提供してくださったみなさん、編集に努力をしてくださったオーム社のみなさん、また、私たちをいつも支えてくれる家族に心から感謝いたします。

〈著者略歴〉

浦野紘平（うらの　こうへい）

1942年　東京生まれ
東京工業大学大学院修了後、公害資源研究所
（現 産業技術総合研究所）
横浜国立大学教授、名誉教授を経て
（有）環境資源システム総合研究所取締役会長
工学博士
エコケミストリー研究会代表
（社）日本水環境学会元副会長
日本環境教育学会名誉会員
（社）大気環境学会元評議員
廃棄物資源循環学会元評議員
環境省や神奈川県などの環境関係の多数の委員
を務め、環境問題全般に活躍。
著書に
「どうしたらいいの？ 環境ホルモン」（読売新聞社）
「水質汚濁・土壌汚染」（海文堂）
「水道とトリハロメタン」（技報堂出版）
「オゾン層を守る」（日本放送出版協会）
「地球大気環境問題とその対策」（オーム社）
「化学物質のリスクコミュニケーション手法ガイド」
（ぎょうせい）
「え？ そうなの?! 私たちを包み込む化学物質」
（コロナ社）　などがある。

浦野真弥（うらの　しんや）

1969年　横浜生まれ
東京農工大学大学院・京都大学大学院修了後
京都大学研究員・豊橋技術科学大学研究員等
を経て
（有）環境資源システム総合研究所代表取締役社長
博士（工学）
エコケミストリー研究会幹事
著書に
「え？ そうなの?! 私たちを包み込む化学物質」
（コロナ社）
「地球環境問題がよくわかる本」（オーム社）
などがある。

地球環境問題がよくわかる本（改訂版）

2017年 8月 20日　第1版第1刷発行
2023年 1月 25日　改訂版第1刷発行

著　者　浦野紘平
　　　　浦野真弥
発行者　村上和夫
発行所　株式会社 オーム社
　　　　郵便番号　101-8460
　　　　東京都千代田区神田錦町 3-1
　　　　電 話　03(3233)0641(代表)
　　　　URL https://www.ohmsha.co.jp/

組版　トップスタジオ　　印刷・製本　平河工業社
ISBN978-4-274-23001-1　Printed in Japan